Ein Weltbild ohne Legenden

Meinem 1983 verstorbenen Vater

Ein Weltbild ohne Legenden
Plädoyer für ein realistisches Weltbild

Von
Dipl.-Math. Klaus Becker

Herstellung und Verlag:
BoD - Books on Demand, Norderstedt
ISBN 978-3-7322-8582-2

Inhalt

Vorwort	7
Das Universum	9
Die Milchstraße	21
Die Sonne	27
Die Erde	35
Das Leben	57
Die Menschen	69
Natur und Umwelt	81
Die Tierwelt	93
Gott	103
Weltbild ohne Legenden	117
Quellen	129

Vorwort

Jeder Mensch macht sich, wenn auch vielleicht unbewusst, ein Bild von der Welt. Zumindest hat er Antworten auf die Fragen seines Daseins, möglicherweise unstrukturiert und nicht unbedingt schlüssig. Sein Weltbild wird in der Regel schon in seiner frühen Kindheit angelegt. Durch die unmittelbare soziale Umgebung, durch die Erziehung, die Religion und später vervollständigt durch die Schule, die Ausbildung, durch veröffentlichte wissenschaftliche Erkenntnisse, gegebenenfalls durch die Beschäftigung mit der Wissenschaft und schließlich durch das Leben selbst. Seit jeher nehmen die unmittelbare soziale Umgebung und die Religionen einen sehr frühen und prägenden Einfluss auf das Weltbild des jungen Menschen. Sie schreiben es gewissermaßen vor, gravieren es ein in die jungen Köpfe und es gibt für diese kaum ein Entrinnen. Der Einzelne ist häufig nicht geneigt, mit den überlieferten Traditionen zu brechen und vielfach auch nicht gewillt, sich mit den damit zusammenhängenden Themen auseinanderzusetzen.

Ich wage den Versuch, ein Weltbild zu skizzieren. Ich tue diese mit allem Respekt vor den Überzeugungen meiner Mitmenschen. Es ist mein Bild von dieser unserer Welt. Es gibt mir Antworten auf die wesentlichen Fragen unseres Daseins: Wie ist unser Universum, wie unsere Galaxie, die Milchstraße, unsere Sonne und unsere Erde entstanden? Gibt es einen Schöpfer? Nimmt er gegebenenfalls Einfluss auf die Entwicklung des Universums? Wieso sind wir in dieser Welt? Unterliegt unser Dasein einem göttlichen Plan? Gibt es einen persönlichen Gott? Gibt es ein Leben nach dem Tod? Warum lässt Gott das Leid der Welt zu? Oder ist alles viel einfacher und unkomplizierter und wir nur ein zufälliges Produkt der Evolution und auf uns allein gestellt? Und letztendlich, wie sollen wir uns verhalten in dieser Welt?

Ich gehe aus von der Lebenswirklichkeit, die uns umgibt, und beschäftige mich nacheinander, jeweils in einem eigenen Kapitel, mit dem Universum, mit unserer Heimatgalaxie, der Milchstraße, unserem Heimatstern, der Sonne, mit unserer Erde, mit der Entstehung des Lebens, den Menschen und ihrem Verhältnis zu ihren Mitmenschen, der Umwelt und der Tierwelt und unserem Verhältnis zu ihnen und schließlich mit Gott und unserem Verhältnis zu ihm. Ich beschreibe diese unsere Welt, die uns umgebende Lebenswirklichkeit und Ideenwelt und lege dabei eher weniger Wert auf Vollständigkeit und wissenschaftliche Exaktheit im Detail. Stattdessen beschränke ich mich auf grundsätzliche Feststellungen, die mir im vorliegenden Zusammenhang wesentlich erscheinen und die ich – wie auch sonst – nahezu ausnahmslos der Literatur und den frei zugänglichen Informationen im Netz entnommen habe. Die Nennung der Quellen erfolgt innerhalb des Textes und zusammengefasst am Ende der Kapitel. Jedes Kapitel schließe ich ab mit meinen persönlichen Schlussfolgerungen und persönlichen Einschätzungen. Im letzten Kapitel verdichte ich diese zu meinem Weltbild ohne Legenden. Legenden sind nach einer Duden-Erläuterung „etwas, was erzählt, angenommen, behauptet wird, aber nicht den Tatsachen entspricht". In diesem Sinne möchte ich Legende im vorliegenden Zusammenhang verstehen.

Leitmotiv meiner Überlegungen ist das sogenannte Parsimonitätsprinzip, auch Prinzip der sparsamen Erklärung. Es war eines der Prinzipien, auf die der Philosoph und Theologe Wilhelm von Ockham (um 1288 bis 1347)[45] seine Arbeiten gründete. Dieses Prinzip schreibt bei der Bildung von erklärenden Hypothesen und Theorien Sparsamkeit vor. Wenn man vor der Wahl mehrerer möglicher Erklärungen für dasselbe Phänomen steht, soll man die einfachste bevorzugen. Dabei ist eine Erklärung einfach, wenn sie mit möglichst wenigen Annahmen auskommt. Diese Vorgehensweise ist als „Ockhams Rasiermesser" in die Philosophiegeschichte eingegangen. Das „Rasiermesser" wird als Metapher verwendet. Die simpelste und einfachste Erklärung ist zu wählen, alle anderen werden mit einem Rasiermesser abgeschnitten.

Ich möchte mein Bild von dieser Welt niemandem einreden und niemanden davon überzeugen und auch niemanden aufklären. Ich möchte insbesondere niemandes Weltbild zerstören, solange in dessen Namen keine Kriege geführt und Andersdenkende verfolgt werden. Den Leserinnen und Lesern möchte ich ausschließlich Anregungen geben, nachzudenken und die traditionellen Vorstellungen zu hinterfragen. Viele Zeitgenossen haben diese im Kern schon aufgegeben, sind den Traditionen aber nach wie vor auf erstaunliche Weise verhaftet. Gleichzeitig möchte ich die Leserinnen und Leser – falls sie es nicht schon längst selbst getan haben – dazu anregen, ihr Verhalten gegenüber der Umwelt und gegenüber den Mitkreaturen unseres extrem zerbrechlichen Planeten zu überdenken und danach zu handeln.

Ich wünsche viel Freude beim Lesen.
Oberwesel, im Dezember 2013.

Das Universum

Die zurzeit von der Wissenschaft mehrheitlich anerkannte Theorie, die Entstehung und Entwicklung des Universums beschreibt, ist die Theorie vom heißen Urknall. Danach verhält sich das Universum so, als sei es vor endlicher Zeit aus einem extrem kleinen, dichten und heißen Anfangszustand hervorgegangen. Dieser Zeitpunkt gilt als der Beginn von Raum und Zeit und wird als Urknall bezeichnet. Die Theorie „weiß" nichts über die Ursache des Urknalls und nichts über den Zustand von Raum und Zeit vor diesem. Ein für die Entwicklung des Universums entscheidender Vorgang war die primordiale Nukleosynthese, die in den ersten Minuten nach dem Urknall die ersten leichten Atomkerne, im Wesentlichen Heliumkerne, entstehen lies. Alle schwereren Kerne wurden erst sehr viel später in den stellaren Hochöfen[11] „gebacken", die wir Sterne nennen. Ein zweiter wichtiger Entwicklungsschritt ereignete sich 400.000 Jahre später. Man muss sich das Universum dieser Zeit mit einem 3.000 Grad heißen Teilchengas ausgefüllt vorstellen. Die Wissenschaftler sprechen von einem Plasma. Es bestand aus freien Protonen, aus Atomkernen, im Wesentlichen aus Heliumkernen, freien Elektronen, Photonen, wie die Lichtteilchen heißen, und aus den Neutrinos genannten „Geisterteilchen", die im „normalen" Leben so gut wie keine Rolle spielen. Die freien Elektronen dockten immer wieder an die Atomkerne an, sodass elektrisch neutrale Wasserstoff- und Heliumatome entstanden. Die umherschwirrenden Photonen kollidierten aber mit den Atomen und brachen diese Verbindungen immer wieder auf. Das war deshalb möglich, weil Ihre Energie größer war als die Bindungsenergie, die die Elektronen an die Atomkerne bindet. Erst als die Temperatur des Teilchengases unter 3.000 Grad gesunken war, reichte die Photonenenergie nicht mehr aus, um den Prozess zu stören. Die Atome wurden stabil und die Photonen konnten ungehindert das Universum durchqueren. Das Universum wurde „durchsichtig". Die Photonen bilden die berühmt gewordene Hintergrundstrahlung, die sich heute noch nachweisen lässt. Dass die Photonen der Urknallstrahlung Energie verloren hatten und auch heute noch Energie auf ihrem Weg durch das Universum verlieren, lag bzw. liegt daran, dass das Universum seit dem Urknall vor ca. 13,8 Milliarden Jahren expandiert. Das heißt, das Universum wird im Zuge der Expansion zunehmend größer und gleichzeitig nehmen seine Dichte und seine Temperatur und mit der Temperatur auch die Strahlungsenergie ab. Die Galaxien entfernen sich voneinander, jede von jeder anderen.

Dies gilt allerdings erst für Entfernungen in einer Größenordnung von einigen 100 Millionen Lichtjahren. Bei kleineren Abständen ist die gravitative Anziehung in der Lage, die repulsive Kraft, die das Universum auseinander treibt, zu überwinden. So rasen beispielsweise die Milchstraße und die Andromeda-Galaxie, die größte Galaxie in unserer unmittelbaren kosmischen Nachbarschaft, aufeinander zu.

Die Expansion folgt dem von Edwin Hubble, einem US-amerikanischen Astronomen, Ende der 1920er Jahre gefundenen und nach ihm benannten Gesetz. Es besagt, dass sich die Galaxien von uns entfernen, und zwar umso schneller, je weiter sie entfernt sind. Beobachtet man beispielsweise eine Galaxie in doppelter Entfernung, dann hat sie auch die doppelte Fluchtgeschwindigkeit. So nennt man die Geschwindigkeit, mit der sich die meisten Galaxien von uns weg bewegen. Die Proportionalitätskonstante trägt den Namen ihres Entdeckers und wird Hubble-Konstante genannt. Inzwischen weiß man, dass sich nicht die Galaxien bewegen, sondern sich der Raum zwischen den Galaxien vergrößert. Trotz dieser Erkenntnis spricht man weiterhin von der Fluchtgeschwindigkeit. Um Missverständnissen vorzubeugen, dieses Gesetz gilt an jedem Ort im Universum. Die Galaxien „flüchten" also nicht nur vor uns. Zugegeben, man kann sich das nur schwer vorstellen. Helfen kann das Bild eines Ballons[2], der aufgeblasen wird. Die Galaxien kann man sich dabei als auf die Oberfläche des Ballons aufgeklebte Papierschnitzel vorstellen. Das Universums entspricht in diesem Modell der Ballonoberfläche, ist also nur ein zweidimensionales Bild des Universums. Wenn nun der Ballon aufgeblasen wird, bewegen sich die Papierschnitzel nach dem Hubble-Gesetz. Jedes Papierschnitzel „flüchtet" vor jedem anderen. Und je weiter sie auseinander sind, um so schneller vergrößern sich die Abstände zwischen ihnen. Auch ein aufgehender Rosinenteig wird häufig als Expansionsmodell verwendet. Der aufgehende Hefeteig repräsentiert dabei die Expansion und Rosinen die Galaxien. Aufgeklebte Papierschnitzel und Rosinen verändern ihre Größe im Zuge der Expansion nicht. Die Galaxien bleiben von der Expansion unbehelligt und werden nicht etwa auseinandergerissen. Wir können also einigermaßen beruhigt sein. Die Hubble-Konstante wird in der Regel in den Einheiten km/s pro Megaparsec angegeben. Megaparsec ist eine astronomische Längeneinheit und entspricht ca. 3,262 Millionen Lichtjahren. Die Hubble-Konstante hat nach neuesten Messungen den Wert H=67,4. Das bedeutet, dass sich der Raum zwischen uns und einer Galaxie, die sich beispielsweise in einer Entfernung von 100 Millionen Lichtjahren befindet, pro Sekunde um mehr als 2.000 Kilometer vergrößert. Man sagt auch, dass das Universum zurzeit, das heißt, in der gegenwärtigen kosmischen Epoche mit der Expansionsrate H expandiert. Die Hubble-Konstante ist eine Ortskonstante. Sie ist an allen „Orten" des Universums identisch. Sie ist aber keine Zeitkonstante, ändert sich also im Zuge der kosmischen Entwicklung. Während man bis 1998 noch davon ausging, dass sich die Expansion infolge der Gravitation mit der Zeit verlangsamen und die Expansionsgeschwindigkeit letztendlich gegen null gehen würde, weiß man inzwischen aus Beobachtungsdaten weit entfernter Supernovae, dass sich die Expansion beschleunigt. Das heißt, die Expansionsgeschwindigkeit nimmt mit der Zeit zu. Der Wechsel von der anfänglich gebremsten zur beschleunigten Expansion passierte vor etwa 6 Milliarden Jahren. Seit dem entfernen sich die Galaxien mit zunehmender Geschwindigkeit voneinander, jede von jeder anderen. Letztendlich wird das Universum infolge der zunehmenden Expansionsgeschwindigkeit „ausgedünnt" werden und quasi „auseinanderfliegen". Die Galaxien werden als isolierte Sterneninseln auf dem „Hubble-Strom" treiben und sich schlussendlich aus den „Augen" verlieren. Das ist jedenfalls die Prognose des Standardmodells der Kosmologie.

Alter und Ausdehnung unseres Universums sind für uns an überschaubare Größen gewöhnte Erdbewohner absolut nicht mehr vorstellbar. Wenngleich auch in anderen Lebenswelten, speziell in der Finanzwelt, inzwischen mit vergleichbaren Zahlen operiert wird. Wir führen ein einfaches Gedankenexperiment durch und zählen bis eine Milliarde. Da wir die größer werdenden Zahlen kaum noch aussprechen könnten, schlagen wir eine Trommel, jede Sekunde für jede Zahl einen Trommelschlag. Wir fragen uns, wie lange wir die Trommel schlagen müssten, bis wir zum Beispiel eine Milliarde Schläge zusammenhätten. Wir können die Frage auch anders stellen. Wie viele Jahre sind eine Milliarde Sekunden. Es sind sage und schreibe knapp 32 Jahre. Um bis 3 Milliarden zählen zu können, benötigt man also – im Sinne des Menschen gut gerechnet – ein ganzes Menschenalter. Diese Feststellung hilft zwar nicht sehr viel weiter, sie vermittelt aber zumindest eine vage Vorstellung von den Größenordnungen. In dem von unserem Universum aufgespannten Raum, jedenfalls in dem sichtbaren Teil dieses Raumes, verteilen sich mehr oder weniger gleichmäßig einige 100 Milliarden Galaxien. Jede Einzelne davon besteht aus einigen 100 Milliarden Sonnen. Man kann also davon ausgehen, dass im sichtbaren Universum mindestens 10 Trilliarden – eine Eins gefolgt von 22 Nullen – Sterne existieren. Spätestens diese Zahl sollte uns den Atem verschlagen. Um es zum Abschluss zu bringen, das für uns sichtbare Universum hat nach dem Standardmodell einen Radius von ca. 48 Milliarden Lichtjahren. Umgerechnet sind dies etwa 450 Trilliarden Kilometer. Ich denke, an dieser Stelle kann man es endgültig aufgeben, sich vorstellbare Vorstellungen von der Größe des Universums machen zu wollen.

Widersprüche bzw. mit der heißen Urknalltheorie nicht erklärbare Beobachtungen führten in den 1980er Jahren zur Entwicklung der Inflationstheorie durch den US-amerikanischen Physiker und Kosmologen Alan Guth[9]. Die Inflationstheorie galt als eine die Urknalltheorie ergänzende Theorie, die Ungereimtheiten der Basistheorie, wie beispielsweise die über den gesamten Horizont extrem gleichmäßig verteilte Hintergrundstrahlung, erklären konnte. Nach der Inflationstheorie kam es unmittelbar nach dem „vermeintlichen" Beginn von Raum und Zeit zu einer exponentiellen Expansion, die das Universum in extrem kurzer Zeit extrem weit aufblähte. Die Expansion erfolgte in dieser kurzen Zeitspanne quasi „inflationär". Daher die Bezeichnung. Die Inflationstheorie wuchs in der Folge zu einem kosmologischen Prinzip heran, das zwar viele beobachtete Sachverhalte erklären konnte, andererseits aber theoretischen Spekulationen Tür und Tor öffnete[24]. So entstand eine nicht nur für Laien kaum noch zu überblickende „Inflation" von Modellen, die neue Inflation, die chaotische Inflation, die ewige Inflation, Recycling-Universen und Multiversen. So spekulieren neuere Theorien darüber, dass unser Universum nur eines unter vielen ist. In diesen Universen gelten gegebenenfalls völlig andere Naturgesetze. Für eine Welt, die aus vielen Universen besteht, wurde die Bezeichnung Multiversum erfunden.

Die aktuellen Kosmologien gehen mehrheitlich davon aus, dass das Universum einen Anfang hatte und quasi aus dem Nichts – ex nihilo[9] – entstanden ist. Das größte Problem dabei ist die Urknallsingularität, dieser mathematisch und physikalisch nicht haltbare Zustand am Anfang des Universums, der von den Modellen als Zustand mit einer unendlich hohen Dichte, einer unendlich hohen Temperatur und einer Ausdehnung von null vorhergesagt wird. An dieser Stelle stoßen zwei große Theorien der Physik an ihre Grenzen, die Allgemeine Relativitätstheorie Albert Einsteins einerseits und die Quantenphysik andererseits. Die Vereinheitlichung dieser Theorien ist eine der größten Herausforderungen der Physik. Obgleich es Ansätze gibt, ist der große Durchbruch noch nicht gelungen. Mit dem Universum sind Zeit und Raum erst entstanden. Das ist anerkanntes wissenschaftliches Wissen. Es gibt keine Zeit davor. Es ist vor diesem Hintergrund sinnlos, zum Beispiel nach einem Schöpfungsakt in der Zeit zu fragen. Das ist jedenfalls die Ansicht des Physikers und Kosmologen Stephen Hawking, der das Universum als räumlich und zeitlich geschlossenes System sieht. Andere Theorien gehen von einem unendlichen, materiefreien und zeitlosen Raum aus, der, beispielsweise der Stringtheorie folgend, mit dem sogenannten Dilatonfeld ausgefüllt war, das lokal zu einer Art Inflation führte[24]. Eine weitere Hypothese unterstellt ein Quantenvakuum, ein Zustand ohne Raum und Zeit, auch als Raumzeit-Schaum bezeichnet, aus dem unser Universum und gegebenenfalls viele weitere durch Quantenfluktuationen eines skalaren Energiefeldes, quasi aus dem Nichts, entstanden sind. In der Multiversumtheorie[24] besteht das Multiversum aus vielen einzelnen voneinander isolierten Universen. Der Urknall wäre dann nur unser Urknall und der Beginn unserer Raumzeit. Ob dieser Prozess der Generierung von Universen einen Anfang hatte und mit einem ersten Universum und einem ersten Urknall begann oder sogar vergangenheitsewig ist, ist umstritten. Die Zukunftsewigkeit des inflationären Universums wird mehrheitlich postuliert, gleichzeitig aber auch dessen Anfang. Dies führt insgesamt zu der Annahme einer gewissermaßen „halben Ewigkeit". Diese Vorstellung von einem „einseitig" ewigen Universum ist aus meiner Sicht nicht sehr überzeugend. Dies ist aber nur ein Gefühl und basiert natürlich auf keiner fundierten Theorie. Wie denn auch! Aber davon unabhängig befinde ich mich in guter Gesellschaft. Andrei Linde argumentiert, dass der Kosmos auch vergangenheitsewig sein kann[24] : „Es ist einfach unklar, ob es einen einzigen Moment gab, vor dem der Kosmos nicht existierte. Ich sage nicht, dass sich die Inflation ewig in die Vergangenheit erstreckt. Ich weiß es nicht. Aber wer behauptet, es sei nicht so, bleibt den Beweis schuldig. Ich sehe einen solchen Beweis nicht". Vilenkin, Alvin Borde, ein US-amerikanischer Kosmologe und Alan Guth haben ein Theorem bewiesen, nach dem das zukunftsewige inflationäre Multiversum einen Anfang haben muss. Theorem und Beweis sind aber nach wie vor umstritten.

Obgleich die Kosmologie im letzten Jahrhundert und in den ersten Jahren dieses Jahrhunderts enorme Fortschritte gemacht hat, ist das Universum, das die Urknallkosmologie vorhersagt, durch zwei Begriffe belastet. Diese stehen quasi stellvertretend für ein weitgehend noch unbekanntes Universum. Es handelt sich dabei um die Dunkle Energie und die Dunkle Materie[2]. Die Dunkle Energie soll verantwortlich sein für die repulsive Kraft, die der Schwerkraft entgegenwirkt, sie seit einigen Milliarden Jahren sogar übertrifft und so die beschleunigte Expansion des Universums vorantreibt. Die Dunkle Materie hingegen wird postuliert, um die in der gegenwärtigen kosmischen Epoche beobachteten Materieansammlungen in Form von Galaxien und Galaxienhaufen und die gleichzeitig extreme Gleichförmigkeit der kosmischen Hintergrundstrahlung erklären zu können. Der aus dem Urknall resultierende Strahlungsdruck hätte das Entstehen dieser Strukturen nämlich verhindern müssen, wenn nur die uns bekannte „leuchtende" Materie existieren würde. Die von ihr generierten Gravitationskräfte hätten nicht ausgereicht, die heute beobachteten Galaxien und Galaxienhaufen entstehen zu lassen. Zudem würden die Galaxien und Galaxienhaufen nicht zusammenhalten können. Sie würden quasi auseinanderfliegen. Dass sie es nicht tun, wird mit der gravitativen Wirkung der postulierten nicht sichtbaren, eben dunklen, Materie erklärt. Das Rotationsgeschehen in Galaxien und Galaxienhaufen widerspricht nämlich den Schwerkraftgesetzen, wenn man ausschließlich die sichtbare Materie als Ursache für die beobachteten Rotationskurven verantwortlich macht. Für die Konstitution der Dunklen Energie gibt es dummerweise keine physikalisch/theoretische Grundlage und erst recht keinen wie auch immer gearteten Nachweis. Für die Dunkle Materie existieren immerhin Theorien der Teilchenphysik, wenngleich der Nachweis der Teilchen bis heute nicht gelungen ist. Quasi für den Fall der Fälle steht seit den 1980er Jahren eine modifizierte Gravitationstheorie in den Startlöchern. Diese „Modifizierte Newtonsche Dynamik" ist in der Lage, zumindest einige der Phänomene zu erklären, sodass auf das Postulat der Dunklen Materie möglicherweise verzichtet werden könnte. Diese Theorie konnte sich allerdings bis dato nicht durchsetzen. Eine Modifikation der Allgemeinen Relativitätstheorie – auf diese würde es hinauslaufen – wird von den Wissenschaftlern immer noch als ungleich radikaler aufgefasst, als an die Existenz dunkler Materieteilchen zu „glauben", für die die Teilchenphysik immerhin Vorschläge und Theorien bereithält. Beide zusammen, Dunkle Materie und Dunkle Energie, machen 96 % des Energiehaushalts unseres Universums aus. Insofern kann man das Bild, das die moderne Kosmologie von unserem Universum zeichnet, noch immer und trotz der enormen Fortschritte, als relativ dunkel bezeichnen.

Ich stelle in aller Kürze zusammen, was gegenwärtig in den Köpfen der führenden Kosmologen herumschwirrt, um nicht zu sagen, herumirrt. Führend sind in diesem Umfeld, um nur einige zu nennen, Alan Guth, der Erfinder der Inflationstheorie, Andrei Linde und Alexander Vilenkin, beide russische Kosmologen und natürlich Hawking. Es gibt wahrscheinlich viele weitere exzellente Wissenschaftler, die ich trivialerwei-

se nicht alle aufzählen kann. Hier einige Resultate der zum Teil „fantastischen" Überlegungen[24]:
- Das Universum ist ein sehr viel größerer Bereich als der, den wir beobachten können. Es entstammt einer extrem kleinen, dichten und heißen Region, die sich im Zuge der kosmischen Inflation exponentiell schnell ausgedehnt hat und sich immer noch ausdehnt.
- Die kosmische Inflation im Ganzen ist zukunftsewig. Sie endet lokal zu unterschiedlichen Zeiten und an unterschiedlichen Orten. Jedes lokale Ende der Inflation kann zur Entstehung einer nicht weiter inflationär expandierenden Raumblase führen, die letztlich ein eigenes Universum bildet.
- Alle entstandenen und noch entstehenden Raumblasen sind durch unermesslich viel größere Raumbereiche getrennt, die weiterhin eine Inflation durchlaufen.
- Die Naturgesetze und -konstanten in den einzelnen Raumblasen sind unterschiedlich. Potenziell können sämtliche physikalischen Bedingungen realisiert werden.
- Die meisten Raumblasen verfügen wahrscheinlich weder über Galaxien noch Sterne noch Planeten.
- Die einzelnen Universen vergehen eines Tages, entweder, weil sie in sich zusammenstürzen oder ihre Ausdehnung sie ausdünnt und leer und kalt werden lässt.
- Die Inflation ist nicht ein Teil unseres Universums und aller anderen Universen, sondern der Urknall bzw. die „Urknalle" gewissermaßen Teil der kosmischen Inflation.
- Es ist unklar, wie lange die Inflation gedauert hat, bevor unser Universum entstanden ist. Auch eine sich in eine ewige Vergangenheit erstreckende Inflation wird für möglich gehalten.
- Wenn die Inflation sehr lange gedauert hat, bevor unser Universum entstand, wären sämtliche Spuren aus der Zeit davor derart „verdünnt", dass sie heute nicht mehr beobachtbar wären. Sämtliche Spuren eines ersten Moments wären vernichtet. Es wäre keine gute Ausgangsbasis für die beobachtende Kosmologie und auch nicht für die Möglichkeit einer Widerlegung der Theorie.

Das alles klingt fantastisch und hinterlässt nicht unbedingt den Eindruck nüchterner Wissenschaftlichkeit. Die Mutmaßung, dass sich die uns nachfolgenden Generationen einmal amüsieren werden über diese unsere Vorstellungen von der Welt, lässt sich nicht ohne Weiteres von der Hand weisen. Die Schilderungen erinnern durchaus an den Schildkrötenturm, dessen oberste Schildkröte unsere Erde als flache Scheibe trägt[10]. Aber mit der Zeit sind auch unsere technischen Beobachtungsmöglichkeiten fortgeschritten. So können wir sicher sein, dass das Universum, das in der Lage war, uns hervorzubringen, kein Schildkrötenturm ist, dass es expandiert, dass es aus einem extrem kleinen und heißen Anfangszustand hervorgegangen ist und dass es Gesetzen folgt, die von dieser Welt sind. Über die Einzelheiten des Anfangs und erst recht über die Zeit vor dem Anfang, wenn sie es denn gegeben haben sollte, wissen wir nichts, auch wenn es eine inzwischen kaum noch zu überblickende Vielzahl von Theorien gibt. Inzwischen so viele und unterschiedliche, dass nicht nur der Laie sich schwer tut, sie auseinanderzuhalten, geschweige denn, sie zu verstehen. Aber diese Tatsache wird die Wissenschaft nicht davon abhalten, weiter nach dem Ursprung zu suchen. Und ich denke, sie ist verpflichtet dazu. Es stellt sich die Frage, was man aus diesem kurzen Abriss über das moderne Bild der Welt schließen kann und schließen will und was man in keinem Fall schließen sollte. In keinen Fall sollte man sich im Besitz der absoluten Wahrheit wähnen. Wenn auch manche der Protagonisten sich nicht mehr allzu weit davon entfernt glauben. Ich bin eher skeptisch und glaube, dass uns noch ungezählte Überraschungen bevorstehen. Es besteht aber offenbar die berechtigte Hoffnung[24], dass sich durch genauere Messungen der kosmischen Hintergrundstrahlung die Einzelheiten des Inflationsgeschehens in überschaubarer Zeit, also in den nächsten Jahren, rekonstruieren oder endgültig als faulen Zauber entlarven lassen. Wenigstens diese Erkenntnis möchte ich noch miterleben dürfen.

Wenn wir annehmen, dass das Universum schon immer da ist, dann sind auch die Gesetze, nach denen es sich entwickelt hat und noch weiter entwickelt, schon immer existent. Welchen Gesetzen sollte es sonst folgen? Wenn wir uns der in der Wissenschaft mehrheitlich vorherrschenden Meinung anschließen und annehmen, dass das Universum quasi ex nihilo entstanden ist und mit ihm Raum und Zeit, dann sollten die Gesetze schon existiert haben, auf deren Basis es entstanden ist. Wie anders könnte es, naturgesetzlichen Abläufen folgend, ohne Naturgesetze also, aus dem Nichts oder aus Quantenfluktuationen in den Ur-Energiefeldern entstanden sein. Auch Quantenfluktuationen sind schließlich naturgesetzliche Phänomene. Wenn ich Stephen Hawking richtig verstehe, ist diese meine bescheidene Vorstellung allerdings nicht mit seiner Theorie von einem in räumlicher und zeitlicher Hinsicht abgeschlossenen System verträglich. Weil es einfach keinen Sinn macht, nach einer Zeit vor dem Anfang zu fragen, so Hawking. Unabhängig davon ist es für die Schlüsse, die ich noch ziehen werde, letztendlich nicht ausschlaggebend, ob die Naturgesetze schon immer existieren oder mit dem Universum entstanden sind. Das Kapitel abschließend, stelle ich meine persönlichen Schlussfolgerungen und Einschätzungen aus bzw. zu dem bisher Gesagten zusammen.

Zusammenfassung, Schlussfolgerungen und Einschätzungen:

In unserem Universum geht es offensichtlich mit rechten Dingen zu. Es ist den Naturgesetzen folgend entstanden, hat sich den Naturgesetzen folgend entwickelt und wird sich den Naturgesetzen folgend weiter entwickeln. Es ist nicht zu erkennen, dass Mächte ihre Hand im Spiel haben, die nicht von dieser Welt sind.

Es ist extrem erstaunlich, was der Mensch aus seiner wurmartigen Perspektive[2] über das Universum herausgefunden hat. Dennoch, es gibt viele offene Fragen und noch viele unverstandene Phänomene.

Unverstanden ist zum Beispiel die beschleunigte Expansion des Universums. Die repulsive Kraft, die das Universum auseinander treibt, wird auf eine „dunkle" Energie zurückgeführt. Für diese postulierte Energie gibt es keine theoretische Grundlage, geschweige denn einen Nachweis. Die Wissenschaft wird eines Tages herausfinden, was hinter ihr steckt, möglicherweise auch eine bessere Erklärung für die Beschleunigung der Expansion liefern.

Ungeklärt ist auch die Zusammensetzung der postulierten Dunklen Materie, obgleich die Teilchenphysik Erklärungen und Theorien dafür bereithält. Ich komme im nächsten Kapitel darauf zurück.

Einige der Antworten der modernen Kosmologie klingen wenig wissenschaftlich, um nicht zu sagen, außerordentlich fantastisch. Dies ist im Übrigen eine häufig vorgetragene Kritik an einigen Theorien, deren Vorhersagen sich komplett der Beobachtung entziehen und eine Falsifizierung praktisch unmöglich machen.

Die Frage nach dem Anfang und die Frage, ob das Universum aus dem Nichts entstanden ist oder von einem Schöpfer erschaffen wurde oder vielleicht auch schon immer existiert, ist nicht beantwortet. Ich denke, es ist durchaus möglich, dass sie von uns Menschen niemals beantwortet werden kann.

Ich gehe davon aus, dass die Naturgesetze in dem Sinne vergangenheitsewig sind, dass es keinen vergangenen Zeitpunkt gibt, vor dem sie nicht wirksam waren. Und sie andererseits in dem Sinne zukunftsewig sind, dass es keinen zukünftigen Zeitpunkt geben wird, nach dem sie nicht mehr wirksam sind. Für diese meine Annahme kenne ich keine naturwissenschaftliche Begründung. Ich halte sie aber für die einfachste und sparsamste Erklärung. Einfach und sparsam im Sinne des ockhamschen Prinzips.

Das Universum, gegebenenfalls das Multiversum, ist auf Basis dieser vergangenheits- und zukunftsewigen Naturgesetze quasi aus dem Nichts, aus Quantenfluktuationen eines Ur-Energiefeldes, hervorgegangen. Jedenfalls ist das eine der Anfangstheorien. Die Wissenschaft wird sie eines Tages entweder erhärten oder eine „bessere" liefern.

Das Universum, das uns hervorgebracht hat, ist vor ca. 13,8 Milliarden Jahren als ein lokales Ende der kosmischen Inflation entstanden. Das ist gleichzeitig der Beginn von Raum und Zeit unseres Universums, der Beginn unserer Raumzeit.

Dieses unser Universum wird zukunftsewig expandieren. Die Galaxien entfernen sich mit zunehmender Geschwindigkeit voneinander, jede von jeder anderen. Sie werden sich schließlich aus den „Augen" verlieren und das Universum den Kältetod sterben. Das ist jedenfalls die Vorhersage des Urknallmodells.

Quellen: 2, 9, 10, 11, 24

Die Milchstraße

Winzige Inhomogenitäten, das heißt, Gebiete mit höherer und Gebiete mit niedrigerer als der mittleren Strahlungsdichte im sehr frühen Universum führten letztlich zu den Materieansammlungen, aus denen die Galaxien entstanden sind, die wir heute beobachten. Der aus dem Urknall resultierende Strahlungsdruck hätte ihr Entstehen allerdings verhindern müssen, wenn es nur die leuchtende Materie gäbe[2]. Diese Zusammenhänge haben wir bereits im ersten Kapitel kennengelernt. Galaxien sind die kleinsten gravitativ gebundenen Systeme, die auf dem Hubble-Strom „treiben". Dabei entfernt sich jede von jeder anderen und das, seit ca. 6 Milliarden Jahren, sogar mit wachsender Geschwindigkeit[2]. Es gibt im sichtbaren Universum mehrere 100 Milliarden Galaxien. Die Milchstraße ist eine davon. Sie ist die Heimat unseres Sonnensystems, und damit, wenn man so will, unsere Heimatgalaxie. Die Milchstraße zeigt sich bei klarem Nachthimmel als helles Band, das sich quer über den Himmel zieht. Von diesem, mit bloßem Auge erkennbaren weißen Band hat sie ihren Namen. Die Erscheinungsform der Milchstraße als unregelmäßig breiter, relativ schwach leuchtender Streifen über dem Himmel ergibt sich dadurch, dass wir mit bloßem Auge die meisten Sterne nicht als einzelne Sterne ausmachen können. Wir sehen vielmehr eine Vielzahl, zu einem schwachen Lichtband verschmierter, Lichtpunkte. In den Sommermonaten lässt sich das Band am besten beobachten. Der Beobachter blickt dann in Richtung des galaktischen Zentrums, während in den Wintermonaten die Sonne zwischen der Erde und dem Zentrum steht. Wer sich mit Sternbildern auskennt, kann das galaktische Zentrum in Richtung des Sternbildes Schütze ausmachen. Erst Galileo Galilei fand im Jahre 1609 heraus, dass es sich bei dem Lichtband um einzelne Sterne handelt. Heute weiß man, dass es mindestens 100 Milliarden, wenn nicht sogar einige 100 Milliarden sind. Die Sterne bewegen sich mehr oder weniger gleich verteilt in einer relativ flachen Scheibe mit einem Durchmesser von ca. 100.000 und einer Dicke von ca. 3.000 Lichtjahren um das galaktische Zentrum. Die Beobachtung und Erforschung der Milchstraße ist in vielen Fällen schwieriger als die Erforschung fremder Galaxien. Das liegt auf der Hand. Als Teil des Systems können wir Beobachtungen gewissermaßen nur von einem Punkt aus durchführen, der innerhalb der galaktischen Scheibe liegt. Auch heute noch sind deshalb viele Fragen offen. Die Milchstraße verfügt wahrscheinlich über vier oder fünf Spiralarme. Die Prozesse, die zur Entstehung dieser Formationen führten, sind noch nicht sehr gut verstanden. Sicher ist, dass die Sterne eines Spiralarms keine starre Struktur bilden und sich nicht in dieser Formation um das galaktische Zentrum drehen. In den 1960er Jahren[21,32,42] wurde eine Theorie entwickelt, die die Spiralarme als stehende, vorrangig aus Wasserstoffmolekülen bestehende, Dichtewellen interpretiert. Die Spiralarme sind danach Gebiete mit einer im Vergleich zur Umgebung höheren Materiedichte und damit ein Gebiet hoher Sternentstehungsrate und hoher Leuchtkraft. Die Sterne, die mehr oder weniger gleichmäßig über die gesamte Galaxie verteilt sind, „tauchen" bei ihrem Umlauf um das galaktische Zentrum in diese Gebiete ein und verlassen sie auch wieder. In jüngerer Zeit wurden Computersimulationen durchgeführt, die die These bestätigen, dass die beobachteten Spiralstrukturen nicht statisch nicht. Sie lösen sich vielmehr mit der Zeit auf und formieren sich neu. So entstehen aus Spiralgalaxien Balkengalaxien und umgekehrt aus Balkengalaxien Spiralgalaxien[32]. Balkengalaxien verfügen über einen mehr oder weniger stark ausgeprägten „Sternbalken", an den sich die Spiralarme anschließen. Bei reinen Spiralgalaxien setzen die Spiralarme unmittelbar am Galaxienkern an. Die Milchstraße ist eine ausgeprägte Balkengalaxie. Im Zentrum der Milchstraße wurde eine Massenkonzentration in der Größenordnung von mehr als 4 Millionen Sonnenmassen festgestellt[39]. Dabei handelt es sich um ein Schwarzes Loch, das man Sagittarius A* genannt hat. S2 ist ein Stern, der dem Schwarzen Loch ziemlich nahe gekommen ist. Er umläuft das galaktische Zentrum in einer Entfernung von etwa 17 Lichtstunden in einem Zeitraum von nur 15,2 Jahren. Aus den Beobachtungen seiner Bahn und Berechnungen ergibt sich, dass sich innerhalb des Orbits von S2 eine Masse von geschätzt 4,3 Millionen Sonnenmassen befinden muss. Der Theorie folgend sollte das ein Schwarzes Loch sein. Die Bahn von S2 nähert sich nach und nach diesem Gravitationszentrum. Bei einem Abstand von 16 Lichtminuten wird der Stern von dem von Sagittarius A* generierten Gravitationsfeld zerrissen werden und im Schwarzen Loch verschwinden. Soweit die extrem schlechte Prognose für S2.

Über die unserem Universum geltenden Größenverhältnisse hatten wir schon gesprochen. Aber auch die Größenverhältnisse in unserer Galaxie sind für uns an überschaubare Erdentfernungen gewöhnte Erdmenschen noch nicht vorstellbar. Wir stellen uns Nanosonnen vor, Sonnen mit einem Durchmesser eines Nanometers. Das können wir natürlich nicht, denn 50.000 Nanometer entsprechen erst dem Durchmesser eines Menschenhaares. Wenn wir dennoch die „Scheibe" der Milchstraße auf eine

Scheibe abbilden, die einen Durchmesser von 1.000 m und eine Höhe von 30 Metern besitzt, dann finden wir in jedem Kubikmeter dieses modellhaften Raumbereiches 4 Nanosonnen. 4 Nanosonnen in einem Kubikmeter, das sind Milchstraßenverhältnisse. Im Übrigen, die Nanosonnen entsprechen in dem gewählten Maßstab in etwa der Größe unserer Sonne. Die Sonne umkreist das galaktische Zentrum in einem Abstand von ca. 25.000 Lichtjahren. Die Umlaufzeit beträgt ca. 220 bis 240 Millionen Jahre und die Umlaufgeschwindigkeit liegt bei ca. 267 km/s. Seitdem es uns Menschen gibt, hat sie nur etwa ein Tausendstel ihres Weges auf dem Orbit um das Zentrum der Milchstraße zurückgelegt. Auf einem Kreis mit einem Durchmesser von einem Meter entspräche diese Wegstrecke etwas mehr als 3 mm. Die Sonne umläuft das galaktische Zentrum aber nicht nur auf einer ebenen Bahn. Die in der Scheibe wirkenden Gravitationskräfte lassen die Sonne zusätzlich zu ihrer Umlaufbahn um das galaktische Zentrum senkrecht zur Scheibe auf und ab oszillieren. Die Sonne mit samt ihrem Planetensystem, also auch mit uns, durchquert die Scheibe etwa alle 30 bis 45 Millionen Jahre. Zurzeit befinden wir uns mit unseren mitreisenden Planetennachbarn ca. 65 Lichtjahre über der Scheibenebene. Die größte Entfernung werden wir mit etwa 250 Lichtjahren erreichen. Danach geht es wieder „bergab". Die Entstehung großer datierbarer Krater auf der Erde und erdgeschichtliche Massenaussterben weisen eine Periodizität von 34 bis 37 Millionen Jahren auf, was auf den ersten Blick mit der Periodizität der Scheibenpassagen relativ gut übereinstimmt. Es wurde deshalb ein Zusammenhang zwischen diesen Ereignissen vermutet. Während einer Scheibendurchquerung, so war die Vermutung, hätten die in Scheibennähe stärker werdenden Gravitationsfelder die Oortsche Wolke, eine Ansammlung astronomischer Objekte im äußersten Bereich des Sonnensystems, stören können. Dadurch wäre gegebenenfalls eine größere Anzahl von Kometen in das Innere des Sonnensystems gelangt, verbunden mit einer Häufung der Einschläge auf der Erde. Die Perioden der Massenaussterben sind allerdings nicht genau genug feststellbar, um definitiv eine Korrelation herzuleiten. Neuere Untersuchungen sehen tatsächlich keinen Zusammenhang. Wenn es auch nicht so ist, so zeigen diese Überlegungen, dass wir uns nicht sicher sein können. Wir müssen feststellen, dass wir in einem gleichermaßen komplexen wie zerbrechlichen physikalischen System existieren, das wahrscheinlich noch viele Überraschungen parat hat und das wir insbesondere nicht beherrschen und kontrollieren können. Wir leben in einem Universum, das sich so verhält, wie man es bei Abwesenheit eines Weltenlenkers erwarten muss. Wir werden im Folgenden noch einige Male auf diesen Aspekt unseres Daseins stoßen. Es sind offenbar naturgesetzliche Ereignisse, die uns treffen können, getroffen haben und wahrscheinlich noch treffen werden und nicht notwendig göttliche Strafen für ungebührliches Verhalten.

In unmittelbarer Nachbarschaft unserer Milchstraße befinden sich kleinere Galaxien, sogenannte Zwerggalaxien. Dazu zählen die Große und die Kleine Magellansche Wolke, mit denen die Milchstraße über eine etwa 300.000 Lichtjahre lange „Gasbrücke" aus Wasserstoff, dem sogenannten Magellanschen Strom, verbunden ist. Die mit 42.000 Lichtjahren der Milchstraße nächstgelegene Galaxie ist der Canis-Major-Zwerg. Er wird von der Milchstraße gerade „verschluckt". Auch die anderen Zwerggalaxien haben keine Chance, der Anziehungskraft der Milchstraße zu entgehen. Sie verleibt sie sich nach und nach ein. Während der Verschmelzung hinterlassen die Zwergsysteme Ströme aus Sternen und interstellarer Materie, die durch die Gravitationskräfte aus den kleinen Galaxien herausgerissen werden. Dadurch entstehen mit dem Magellansche Strom vergleichbare Strukturen. Die Andromeda-Galaxie ist die unserer Galaxie nächstgelegene große Galaxie. Sie ist eine der wenigen großen Galaxien, die sich auf die Milchstraße zubewegen. Andromeda und Milchstraße werden in ca. 3 Milliarden Jahren zu einer größeren Galaxie verschmelzen. Der mögliche Ablauf der Kollision ist noch wenig erforscht. Für die letztendlich entstandene verschmolzene Galaxie gibt es aber immerhin schon eine Bezeichnung, wenn sie uns wahrscheinlich auch nichts mehr nützen wird. Sie wird „Milkomeda" heißen, eine Verschmelzung aus dem englischen Milky Way und Andromeda. 2007 wurden für Sterne im galaktischen Halo – Halo aus dem Griechischen für Lichthof –, einem kugelförmigen Raumbereich um die Milchstraße mit einem Durchmesser von ca. 160.000 Lichtjahren, ziemlich verlässlich Lebensalter von bis zu 13,6 Milliarden Jahren ermittelt. Da das Alter des Universums ziemlich sicher bei etwa 13,8 Milliarden Jahre liegt, entstanden diese Sterne bereits 200 Millionen nach dem Urknall. Unsere Milchstraße hat sich also schon vor 13,6 Milliarden Jahren zu formieren begonnen. Damit zählt sie wahrscheinlich zu den Veteranen der Sterneninseln, wenn man auch bei den genannten Zahlen sicher noch Fehler zu tolerieren hat.

Wir fragen uns, was wir aus diesem kurzen Abriss über unsere Heimatgalaxie und unsere unmittelbare kosmische Nachbarschaft schließen können. Es ist in jedem Falle atemberaubend, was der Mensch aus seiner wurmartigen Perspektive[2] in der Lage war und ist, über unsere galaktische Heimat herauszufinden. Und das alles sind keine Glaubenssätze, sondern beobachtete Phänomene. Obgleich noch viele Fragen unbeantwortet sind und Vieles nicht verstanden ist, scheint es „über uns" mit rechten Dingen zuzugehen. Sämtliche Abläufe folgen den Naturgesetzen, denselben universalen Gesetzen, die auch auf unserem Planeten gelten und dort die Abläufe bestimmen. Und diese sind das eigentliche Wunder. Wir benötigen deshalb keine übernatürlichen. Soweit dürfte Klarheit bestehen. Dass unsere Erde, unser Sonnensystem und unsere Galaxie nicht der Mittelpunkt der Welt sind, gehört schon seit geraumer Zeit zum allgemeinen Wissen der Menschheit. Kosmologen behaupten das, wie wir gesehen haben, inzwischen sogar von unserem Universum. Es soll eines von vielen sein, wenn auch ein ausgesprochen schönes, möchte man hinzufügen, solange man von den Gräueltaten einer Spezies absieht, die sich in einer im Vergleich zur Größe der Welt winzigen Ecke auf ungebührliche Weise breitgemacht hat.

Zusammenfassung, Schlussfolgerungen und Einschätzungen:

Nachdem das Universum einmal „gezündet" war, entstanden die Galaxien, so auch die Milchstraße, infolge der Dichteunterschiede im Urgas und angetrieben durch die Urkraft der Gravitation quasi zwangsläufig.

Der aus dem Urknall resultierende Strahlungsdruck hätte das Entstehen der Galaxien, so auch das der Milchstraße, eigentlich verhindern müssen, wenn es nur die „leuchtende" Materie gäbe. Außerdem würden die Galaxien und Galaxienhaufen ohne die von der Dunklen Materie generierten Gravitationskräfte nicht zusammenhalten. Die aus den beobachteten Rotationsgeschwindigkeiten resultierenden Fliehkräfte würden sie quasi auseinanderfliegen lassen.

Die Dunkle Materie konnte bis heute nicht direkt nachgewiesen werden. Dessen ungeachtet gibt es eine Vielzahl von Forschungsprojekten, die sie mit unterschiedlichen Strategien aufspüren wollen.

Ob es die Dunkle Materie tatsächlich gibt oder ob die Gravitationstheorie geändert bzw. ergänzt werden muss, das wird die Wissenschaft eines Tages herausfinden.

Die Milchstraße ist eine von einigen 100 Milliarden Galaxien im sichtbaren Universum. Sie und alle beobachteten Galaxien bestehen aus keinem Material, das nicht auch auf der Erde vorkommt.

Um das Zentrum der Milchstraße rotieren einige 100 Milliarden Sterne. Einer davon ist unsere Sonne. Ihr Abstand zum galaktischen Zentrum beträgt etwa 25.000 Lichtjahre. Seit es Menschen gibt, hat sie nur einen winzigen Bruchteil ihrer Umlaufbahn absolviert. „Wir" sind vor Überraschungen nicht sicher.

Im Zentrum der Milchstraße existiert eine Massekonzentration in der Größenordnung von 4 Millionen Sonnenmassen. Es handelt sich um ein Schwarzes Loch. In ihm werden „wir" mit ziemlicher Sicherheit eines Tages verschwinden werden.

In unserer Galaxie geht es offensichtlich mit rechten Dingen zu.

Quellen: 2, 21, 32, 39, 42

Die Sonne

Es war wahrscheinlich nicht die letzte Ent-Täuschung[16], die der Mensch verkraften musste, aber es war schon ziemlich heftig, als er erfuhr, dass nicht einmal die Sonne das Zentrum seiner Welt sein soll. Die Erde und sich selbst für den Mittelpunkt der Welt zu halten, hatte er gerade erst aufgeben müssen. Dass die Sterne Sonnen sind wie unsere, also riesige Gaskugeln, das wissen wir sicher tatsächlich erst seit der Mitte des 19. Jahrhunderts. Inzwischen wissen wir, dass im für uns sichtbaren Teil des Universums mindestens 10 Trilliarden – eine Eins mit 22 Nullen – Sterne existieren, eine Zahl, deren Größe wir uns nicht mehr vorstellen können. Und alle Sterne sind nach den gleichen Gesetzen entstanden, vergangen und entstehen und vergehen heute noch. Es gibt größere Sterne als unsere Sonne und kleinere, Einzelsterne, Doppelstern- und Mehrsternsysteme, in denen zwei oder mehr Sterne um einen gemeinsamen Schwerpunkt rotieren. Unsere Sonne ist ein relativ gewöhnlicher Stern, relativ gewöhnlich groß und relativ gewöhnlich stark leuchtend, wenn auch ein Einsternsystem, was wiederum seltener vorkommt. Die Physik der Sterne gilt als gut verstanden. Die Kräfte, die die Gaskugeln zusammenhalten, sie entstehen und sterben lassen, sind allesamt von dieser Welt. Es sind die Grundkräfte der Natur, die Gravitation, die uns auf der Erde hält, die starke Kernkraft, die die Atomkerne zusammenhält, die schwache Kernkraft, die sie zerfallen lässt und die elektromagnetische Kraft, die uns nicht zuletzt den elektrischen Strom liefert. Sie regeln die Abläufe nach allem, was wir wissen, auf unserer Erde gleichermaßen wie universumweit, heute, seit der Geburt des Universums oder auch schon immer, was auch immer „immer" heißen mag und für alle Zeiten, was auch immer „für alle Zeiten" heißen mag. Die Theorie der Sternentstehung ist sehr komplex. Es geht mir auch im vorliegenden Zusammenhang nicht darum, diese Theorie detailliert und wissenschaftlich exakt dazustellen, unabhängig davon, dass ich das auch gar nicht könnte. Ich beschränke mich auf einige wenige allgemeine Fakten und stelle in groben Zügen dar, wie die Zukunft unserer eigenen Sonne aussieht und wann sie mit hoher Wahrscheinlichkeit diese Welt wieder verlassen muss.

Ich skizziere zunächst allgemein die Entstehung und das „Leben" eines Sterns[43]. Sterne entstehen in Raumgebieten, in denen sich molekularer Wasserstoff und interstellarer Staub in riesigen Materiewolken ange-

sammelt haben. Diese Materiewolken verdichten sich unter bestimmten Bedingungen, zum Beispiel als Folge der von einer Supernova erzeugten Schockwelle – siehe weiter unten – und beginnen sich dann infolge der Gravitation zusammenzuziehen. Dabei dreht sich die Materie um das gravitative Zentrum, vergleichbar mit dem durch den geöffneten Verschluss einer Badewanne ablaufendem Wasser. Es bildet sich eine sogenannte Akkretionsscheibe, in der Staub- und Gasteilchen um das Gravitationszentrum rotierten. Durch die weitere Verdichtung der Gaswolke entstehen einzelne, räumlich eng begrenzte Staub- und Gaswolken, aus denen sich schließlich die Sterne entwickeln. Die Periode der Kontraktion ist relativ kurz und dauert nur etwa 10 bis 15 Millionen Jahre. Mit der Kontraktion nehmen Dichte und Temperatur der Gaswolke zu, bis das Wasserstoffbrennen einsetzt. So wird die stellare Kernfusion von Wasserstoff zu Helium genannt. Der weitere Verlauf der Sternentwicklung wird im Wesentlichen durch die vorhandenen Massen bestimmt. Im Zusammenhang mit der Erforschung der Sternentstehung und Sternentwicklung ist das sogenannte Hertzsprung-Russel-Diagramm[43] bedeutsam. Es zeigt die Verteilung der Sterne in Abhängigkeit von ihrer Oberflächentemperatur und ihrer Leuchtkraft. Dabei wird auf der horizontalen Achse die Oberflächentemperatur – in Achsenrichtung abnehmend – in Grad Kelvin und auf der vertikalen Achse die absolute Leuchtkraft in Einheiten der gegenwärtigen Leuchtkraft unserer Sonne dargestellt.
Wenn man nun die beobachteten Sterne in das Diagramm einträgt, sind diese nicht willkürlich über die Diagrammfläche verteilt. Vielmehr bilden sie ein paar wenige Gruppen mit einer relativ gut überschaubaren Struktur. Bei den Gruppen unterscheidet man Zwerge, Hauptreihensternen, Riesen und Überriesen. Die Gruppe der Hauptreihensterne ist besonders ausgeprägt. Sterne verbringen den größten Teil ihrer Brenndauer, ca. 90 Prozent ihrer Lebenszeit, auf der Hauptreihe. Während dieser Zeit wird im Kern des Sterns relativ gleichmäßig Wasserstoff zu Helium fusioniert. Die Hauptreihe bildet im Hertzsprung-Russel-Diagramm ein mehr oder weniger breites Band, das im Diagramm von links oben nach rechts unten führt. Die schwereren Sterne sind dabei heißer und heller und befinden sich links oben, die leichteren rechts unten. Sie sind kühler und haben eine geringere Leuchtkraft.

Ausschlaggebend für die Entwicklung eines Sterns ist die ursprünglich vorhandene Masse. Dabei bezeichnet man Sterne mit einer Masse von bis zu 2,3 Sonnenmassen als massearm. Nachdem bei massearmen Sternen bis zu 0,3 Sonnenmassen der Wasserstoff des Kerns aufgebraucht ist, wird die Fusion in einer Schale um den erloschenen Kern weiter geführt. Nach dem Ende dieses sogenannten Schalenbrennens kühlen diese Sterne langsam aus. Durch die Temperaturabnahme im Zentrum geben sie der Schwerkraft nach und kontrahieren zu Weißen Zwergen mit Durchmessern von wenigen Tausend Kilometern. Weiße Zwerge strahlen noch bis zu 10 Milliarden Jahre lang thermische Energie ab, bis sie komplett ausgekühlt sind und als Schwarze Zwerge aus dem sichtbaren Spektrum verschwinden. Bei Sternen, die schwerer sind als 0,3 und leichter als ca. 2,3 Sonnenmassen, führt die weitere Kontraktion zum Anstieg der Temperatur und des Drucks, die ausreichen, um die Fusion der erbrüteten Heliumkerne zu zünden. Bei diesem sogenannten Heliumbrennen entsteht in erster Linie Kohlenstoff. Mit dem Zünden des Heliumbrennens verlässt der Stern die Hauptreihe. Gleichzeitig verläuft das Wasserstoffbrennen in einer Schale um den Helium verbrennenden Kern weiter. Der durch das Heliumbrennen generierte Temperatur- und Leistungsanstieg bläht den Stern zu einem Roten Riesen bis zu einem Durchmesser des 100-fachen des Sonnendurchmessers auf. Die Außenhülle des Sterns wird schließlich abgestoßen. Nach dem Erlöschen der Heliumfusion ist die verbleibende Masse nicht groß genug, um eine weitere Kernfusion auszulösen, sodass auch diese Sterne als Weiße und schließlich als unsichtbare Schwarze Zwerge enden. Dieses Schicksal steht auch unserer Sonne bevor. Ich komme darauf zurück. Sterne mit einer Masse zwischen 2,3 und 3,0 Sonnenmassen erreichen nach dem Heliumbrennen das Stadium des Kohlenstoffbrennens. Dabei entstehen Elemente bis zum Eisen. Eisen wird in diesem Kontext oft als Sternenasche bezeichnet, denn aus Eisen kann weder durch Fusion noch durch Kernspaltung weitere Energie gewonnen werden. Nach dem Abstoßen der Außenhülle fällt die verbleibende Masse in der Regel unter die kritische Grenze, die für eine Supernova – siehe weiter unten – notwendig ist. Sie enden deshalb ebenfalls als Weiße und schließlich als Schwarze Zwerge. Massereiche Sterne mit einer Masse von über 3,0 Sonnenmassen verbrennen in ihrem letzten Lebenszyklus praktisch alle leichteren Elemente in ihrem Kern zu Eisen. Auch diese Sterne stoßen einen großen Teil ihrer Masse in den äußeren Schichten als Sternwind ab. Der verbleibende Eisenkern mit einem Durchmesser von nur etwa 10.000 km übersteigt aber die sogenannte Chandrasekhar-Grenze – Chandrasekhar war ein indisch-amerikanischer Astrophysiker – von 1,44 Sonnenmassen, sodass er innerhalb weniger Sekunden kollabiert, während die äußeren Schichten in Form von Strahlung abgestoßen werden. Das Endprodukt einer solchen Supernova vom Typ II ist ein Neutronenstern oder ein Schwarzes Loch. Unter welchen Umständen dem Stern das eine oder das andere Schicksal droht, ist noch nicht ganz sicher. Von Sternen mit einer Ausgangsmasse von über 3,2 Sonnenmassen glaubt man inzwischen, dass sie als Schwarze Löcher enden. Eine zweite Art als Supernova zu enden, ist das Ende als Supernova vom Typ Ia. Sie ereignet sich in Doppelsternsystemen, in denen ein Massetransfer von einem Roten Riesen zu einem Weißen Zwerg stattfindet. Bei Erreichen der kritischen Chandrasekhar-Masse explodiert der Weiße Zwerg als Supernova vom Typ I.

Mit dem Abstoßen der Außenhüllen werden ungeheure Mengen schwerer Elemente, nicht zuletzt Kohlenstoff, die in den stellaren Hochöfen[11] erbrüteten wurden, ins All geschleudert. Diese Überreste einer ersten Sternengeneration kondensierten zu Sternen einer zweiten Generation, um die Planeten entstanden, die diese Elemente enthielten[11]. Dazu zählt auch unsere Sonne, der uns nächste und naturgemäß besterforschte Stern. Unter dem Sonnensystem[41] versteht man die Sonne selbst sowie alle Planeten und Himmelsobjekte, die unter ihrem gravitativen Einfluss stehen und von ihr in einer Umlaufbahn gehalten werden. Dazu zählen auch der Asteroidengürtel zwischen den Bahnen von Mars und Jupiter und die Oortsche Wolke im äußersten Bereich des Systems. Auf das Sonnensystem und die planetarischen Nachbarn der Erde komme ich im nächsten Kapitel zurück. Die Sonne[40] selbst umfasst ca. 99,8 % der im Sonnensystem vorhandenen Masse. Sie strahlt pro Sekunde enorme Mengen an Energie ab. Ihr Energieausstoß ist pro Sekunde 20.000-mal so hoch wie der Primärenergieverbrauch seit Beginn der Industrialisierung. Das ist zwar nicht vorstellbar. Aber es hört sich ziemlich beeindruckend an. Es zeigt einmal mehr, dass es höchste Zeit wird, die von uns Menschen benötigte Energie auch solar zu gewinnen, statt ohne Rücksicht auf Verluste die letzten Reserven unseres Planeten auszubeuten und das auch noch mit nicht absehbaren Folgen. Das Sonnensystem entstand vor 4,6 Milliarden Jahren. Die Zukunft der Sonne führt, wie oben geschildert, über ihren jetzigen Zustand zu dem eines Roten Riesen und schließlich über eine instabile Endphase im Alter von etwa 12,5 Milliarden Jahren zu einem Weißen Zwerg. Diese vorhergesagte Entwicklung ist sehr gut erforscht und stabil. Auf der Hauptreihe nehmen Leuchtkraft und Radius der Sonne zunächst kontinuierlich zu. Bereits in 500 Millionen Jahren wird in Folge der zugenommenen Energieabstrahlung auf der dann zu heißen Erde kein höherwertiges Leben mehr möglich sein. Das ist jedenfalls die Vorhersage der Wissenschaft. Die Masse der Sonne reicht aus, um im Alter von 11,7 bis 12,3 Milliarden Jahren das oben geschilderte Heliumbrennen in Gang zu setzen und sie zu einem Roten Riesen aufzublähen. In der Endphase dieser Entwicklung erreicht sie eine Leuchtkraft von 2.300 Sonnen und einen Radius von 166 Sonnenradien. Das entspricht etwa dem Radius der Umlaufbahn der Venus. Venus und Merkur werden vernichtet. Von der Erde aus gesehen wird die Sonne den größten Teil des Himmels einnehmen. Dummerweise werden wir dieses beeindruckende Himmelsspektakel nicht mehr beobachten können. Die Erdkruste wird zu einem einzigen Lava-Ozean aufgeschmolzen. Durch die geringe Gravitation an der Sonnenoberfläche verliert die Sonne in dieser Phase einen Großteil ihrer Masse als Sonnenwind. Durch den Verlust der Massen ist in der Kernzone der Sonne dann keine Fusion mehr möglich. Die Sonne wird schlussendlich im Alter von 12,5 Milliarden Jahren zu einem Weißen Zwerg. Sie hat nun nur noch die Größe der Erde, eine Masse von etwas mehr als der halben heutigen Sonne und eine Dichte von einer Tonne pro Kubikzentimeter. Sie besitzt keine innere Energiequelle mehr. Nach wahrscheinlich ein paar weiteren Milliarden Jahren wird schließlich aus dem Weißen ein Schwarzer Zwerg, der schlussendlich aus dem optischen Spektralbereich gänzlich verschwinden und irgendwann vom Kern der Galaxie „verschluckt" werden wird. Die Theorie über das Entstehen und Vergehen der Sterne ist sehr komplex. Der kurze Abriss darüber zeigt aber einmal mehr, dass Naturgesetze die Abläufe bestimmen und alles mit rechten Dingen zugeht. Es ist nicht zu sehen, dass irgendjemand diese Abläufe aufhalten oder in sie eingreifen könnte. Das Universum verhält sich so, wie man es bei Abwesenheit eines Gottes erwarten muss. Man kann auch den Standpunkt vertreten, dass Gott zwar eingreifen könnte, aber absolut nicht eingreifen will. Dabei handelt es sich allerdings um eine zusätzliche Hypothese, die die Situation nur komplizierter macht, ohne zur Lösung des Sachverhaltes beizutragen. Wir kommen auf diese Argumentation noch einige Male zurück. Unabhängig davon wird es so sein, dass unsere Sonne sterben wird und mit ihr, wenn auch schon lange vorher, unsere Erde und wir selbst und alle Lebewesen unseres Planeten. Bevor unser Planet aber gänzlich von der Sonne vereinnahmt sein wird, wird sie ihn aufgeschmolzen haben, aufgeschmolzen zu heißer Lava wie zu flüssigem Feuer. Bei dieser Feststellung handelt es sich um keine apokalyptische Vision oder weitere Prophezeiung von den letzten Dingen dieser Welt, sondern um mit wissenschaftlicher Sorgfalt untersuchte Abläufe. Diese können partiell falsch sein. Das werden weitere Untersuchungen an den Tag bringen. Sie sind aber mit Sicherheit nicht im Ganzen falsch. Die Naturwissenschaft arbeitet so. Sie ist jederzeit bereit, ihre Ergebnisse überprüfen zu lassen. Sie schreibt keine Dogmen. Es wird mit einiger Sicherheit Zeitgenossen geben, die die Hölle im Blick haben, wenn sie von dem aufgeschmolzenen Planeten lesen. Das Dumme ist nur, dass es über den aufgehenden Himmel keine vergleichbaren Vorhersagen gibt.

Zusammenfassung, Schlussfolgerungen und Einschätzungen:

Die Entstehung von Sternen, so auch die Entstehung unserer Sonne als Folge einer Verdichtung molekularer Wasserstoffwolken, ist ein natürlicher, den Naturgesetzen folgender, Prozess, der ungezählte Milliarden mal im Universum stattgefunden hat, noch stattfindet und weiterhin stattfindet. Sterne entstehen, existieren eine Zeit lang und „sterben".

Der „Lebenslauf" eines Sterns ist wesentlich abhängig von der vorhandenen Ausgangsmasse. Diese bestimmt die Stärke der nach innen gerichteten Gravitationskräfte sowie die der nach außen gerichteten Kräfte, die sich als Folge der in Gang gesetzten Fusionsprozesse, des Wasserstoffbrennens, gegebenenfalls des Helium- und Kohlenstoffbrennens, einstellen.

Unsere eigene Existenz ist eng verknüpft mit der Existenz der Sonne. Sie ermöglicht unser Leben und wird es letztendlich auch zerstören. Ihre habitable Zone ist relativ schmal. Bis auf unsere Erde bewegen sich die Planeten des Sonnensystems mit ziemlicher Sicherheit außerhalb dieser Zone, mindestens, was die Entstehung und Existenz höher entwickelter Organismen betrifft.

Leuchtkraft und Radius der Sonne nehmen kontinuierlich zu. Spätestens in 500 Millionen Jahren wird als Folge ihrer zugenommenen Energieabstrahlung auf der dann zu heißen Erde kein höherwertiges Leben mehr möglich sein.

Unsere Sonne wird maximal 12,5 Milliarden Jahre alt werden. In ca. 8 Milliarden Jahren wird sie nach einigen unruhigen Phasen am Ende ihrer leuchtenden Zeit als Weißer Zwerg enden, danach noch einige Milliarden Jahre Wärme abstrahlen, um dann als Schwarzer Zwerg endgültig aus dem sichtbaren Spektrum zu verschwinden. Unabhängig davon, dass niemand mehr da sein wird, der dieses Schauspiel beobachten kann.

Wenn es überhaupt so weit kommt. Lange vorher wird die Milchstraße mit der Andromeda-Galaxie verschmelzen. Ob und gegebenenfalls wie sich diese Verschmelzung auf das Sonnensystem auswirken wird, ist wenig oder nicht erforscht. Die Klärung dieser Frage ist wahrscheinlich kein lohnendes Forschungsziel. Die Auswirkungen sind in jedem Falle unspektakulär. Sie sind für das Leben auf dieser Erde nicht mehr relevant.

Bis dahin umläuft das Sonnensystem das galaktische Zentrum mit einer Umlaufzeit von ca. 220 bis 240 Millionen Jahren. Gleichzeitig oszilliert das System um die Ebene der Milchstraße in einem Zyklus von ca. 30 bis 45 Millionen Jahren. Wir leben in einem physikalischen System, das potenziell noch viele Überraschungen bereithält und auf dessen Verhalten wir absolut keinen Einfluss nehmen können.

Quellen: 16, 40, 41, 43

Die Erde

Ich stelle einige wenige Fakten zusammen, die die Wissenschaft im Laufe der Jahre über unseren Heimatplaneten herausgefunden hat und einige Fakten über seinen derzeitigen Zustand. Dabei klammere ich die Tatsache, dass bisher extraterrestrisch keine lebenden Organismen nachgewiesen werden konnten, zunächst aus. Dieser, jedenfalls bis heute geltenden Einzigartigkeit unseres Planeten, dem Leben, widme ich ein eigenes Kapitel. Im vorliegenden beschäftigen wir uns mit der Entstehung der Erde und einigen ihrer Besonderheiten, mit ihrer planetarischen Nachbarschaft, mit der Erdumlaufbahn, dem gravitativen Einfluss der Nachbarplaneten, des Mondes und der Sonne, mit dem Klima der Erde und mit erdgeschichtlichen Katastrophen. Wie in den vorausgegangenen Kapiteln kommt es mir auch dabei wieder weniger auf wissenschaftliche Detailgenauigkeit und Vollständigkeit, als auf eine prinzipielle Darstellung der Sachverhalte an.

Die Frage nach der **Entstehung der Erde**[13,28] bzw. der Welt beschäftigt die Menschheit seit Menschen denken. So brachten die verschiedenen Kulturen unterschiedliche Schöpfungsmythen hervor. Eine davon ist die des 1. Buches Mose, die Genesis:

Am Anfang schuf Gott Himmel und Erde. Und die Erde war wüst und leer, und es war finster auf der Tiefe; und der Geist Gottes schwebte auf dem Wasser. Und Gott sprach: Es werde Licht! Und es ward Licht. Und Gott sah, dass das Licht gut war. Da schied Gott das Licht von der Finsternis und nannte das Licht Tag und die Finsternis Nacht. Da ward aus Abend und Morgen der erste Tag.

Und Gott sprach: Es werde eine Feste zwischen den Wassern, und die sei ein Unterschied zwischen den Wassern. Da machte Gott die Feste und schied das Wasser unter der Feste von dem Wasser über der Feste. Und es geschah also. Und Gott nannte die Feste Himmel. Da ward aus Abend und Morgen der andere Tag.

Und Gott sprach: Es sammle sich das Wasser unter dem Himmel an besondere Örter, dass man das Trockene sehe. Und es geschah also. Und Gott nannte das Trockene Erde, und die Sammlung der Wasser nannte er Meer. Und Gott sah, dass es gut war. Und Gott sprach: Es lasse die Erde aufgehen Gras und Kraut, das sich besame, und fruchtbare Bäume, da ein jeglicher nach seiner Art Frucht trage, und habe seinen eigenen Samen bei sich selbst auf Erden. Und es geschah also. Und die Erde ließ aufgehen Gras und Kraut, das sich besamte, ein jegliches nach seiner Art, und Bäume, die da Frucht trugen und ihren eigenen Samen bei sich selbst hatten, ein jeglicher nach seiner Art. Und Gott sah, dass es gut war. Da ward aus Abend und Morgen der dritte Tag.

Und Gott sprach: Es werden Lichter an der Feste des Himmels, die da scheiden Tag und Nacht und geben Zeichen, Zeiten, Tage und Jahre und seien Lichter an der Feste des Himmels, dass sie scheinen auf Erden. Und es geschah also. Und Gott machte zwei große Lichter: ein großes Licht, das den Tag regiere, und ein kleines Licht, das die Nacht regiere, dazu auch Sterne. Und Gott setzte sie an die Feste des Himmels, dass sie schienen auf die Erde und den Tag und die Nacht regierten und schieden Licht und Finsternis. Und Gott sah, dass es gut war. Da ward aus Abend und Morgen der vierte Tag.

Und Gott sprach: Es errege sich das Wasser mit webenden und lebendigen Tieren, und Gevögel fliege auf Erden unter der Feste des Himmels. Und Gott schuf große Walfische und allerlei Getier, das da lebt und webt, davon das Wasser sich erregte, ein jegliches nach seiner Art und allerlei gefiedertes Gevögel, ein jegliches nach seiner Art. Und Gott sah, dass es gut war. Und Gott segnete sie und sprach: Seid fruchtbar und mehrt euch und erfüllt das Wasser im Meer; und das Gefieder mehre sich auf Erden. Da ward aus Abend und Morgen der fünfte Tag.

Und Gott sprach: Die Erde bringe hervor lebendige Tiere, ein jegliches nach seiner Art: Vieh, Gewürm und Tiere auf Erden, ein jegliches nach seiner Art. Und es geschah also. Und Gott machte die Tiere auf Erden, ein jegliches nach seiner Art und das Vieh nach seiner Art und allerlei Gewürm auf Erden nach seiner Art. Und Gott sah, dass es gut war.

Und Gott sprach: Lasst uns Menschen machen, ein Bild, das uns gleich sei, die da herrschen über die Fische im Meer und über die Vögel unter dem Himmel und über das Vieh und über die ganze Erde und über alles Gewürm, das auf Erden kriecht. Und Gott schuf den Menschen ihm zum Bilde, zum Bilde Gottes schuf er ihn; und schuf sie einen Mann und ein Weib. Und Gott segnete sie und sprach zu ihnen: Seid fruchtbar und mehrt euch und füllt die Erde und macht sie euch untertan und herrscht über die Fische im Meer und über die Vögel unter dem Himmel und über alles Getier, das auf Erden kriecht. Und Gott sprach: Seht da, ich habe euch gegeben allerlei Kraut, das sich besamt, auf der ganzen Erde und allerlei fruchtbare Bäume, die sich besamen, zu eurer Speise, und allem Getier auf Erden und allen Vögeln unter dem Himmel und allem Gewürm, das da lebt auf Erden, dass sie allerlei grünes Kraut essen. Und es geschah also. Und Gott sah alles an, was er gemacht hatte; und siehe da, es war sehr gut. Da ward aus Abend und Morgen der sechste Tag.

Ich erinnere, dass mich diese Geschichte der Schöpfung der Welt schon als Schulkind fasziniert hat. Wenn ich sie heute lese, bekomme ich immer noch eine Gänsehaut. Dass dieser Schöpfungsmythos nicht verwechselt werden kann mit der naturwissenschaftlich untermauerten Entstehungsgeschichte der Erde und ihrer pflanzlichen, tierischen und menschlichen Bewohner, liegt auf der Hand. Unabhängig davon ist es außerordentlich erstaunlich, wie präzise dieser uralte Text weniger die Entstehung der Welt, als unsere Welt, so, wie sie ist, damals schon beschrieben hat. Erst im Laufe des 20. Jahrhunderts war die Wissenschaft in der Lage, die astrophysikalischen Prozesse, die zur Entstehung der Erde geführt haben, zu erklären. Wenn auch noch nicht alle Fragen beantwortet sind, die Abläufe bei der Entstehung unseres Heimatplaneten sind relativ gut verstanden und wissenschaftlich breit abgesichert. Diese Entstehungsgeschichte ist mit der unseres Sonnensystems trivialerweise eng verknüpft. Dieses entstand, wie wir bereits wissen, aus einer Verdichtung von Gas und Staub, die infolge der Gravitation kollabierte und eine Akkretionsscheibe bildete. Dieser Prozess muss sich im Universum unzählige Milliarden Male so abgespielt haben und spielt sich auch heute noch so ab. Die entsprechenden Vorgänge in unserem Sonnensystem werden auf eine Zeit von vor knapp 4,6 Milliarden Jahren datiert. In der Akkretionsscheibe ballten sich mikroskopisch kleine Staubteilchen infolge chemischer Reaktionen und der Oberflächenhaftung zusammen und verklebten zu immer größer werdenden „Staubklumpen". Himmelskörper, die auf diese Weise bis zu einem Durchmesser von einem Kilometer anwachsen können, bezeichnet man als Planetesimale. Es sind die Vorgänger eines Planeten. Für deren weiteres Wachstum sind dann vorrangig die Gravitationskräfte verantwortlich. Die „Staubkörper" sammeln schließlich nur noch geringe Mengen Staub ein, vereinigen sich aber mit anderen Planetesimalen zu größeren Objekten. Beim Erreichen einer bestimmten Masse werden die bis dahin mehr oder weniger lose miteinander verbundenen Planetesimale durch die Gravitation zu einem Objekt zusammengepresst. Dieses heizt sich dann auf und wird flüssig. Dieser Prozess des Zusammenballens findet in einem relativ kurzen

Zeitraum statt. Aus den Planetesimalen des frühen Sonnensystems sollen sich in nur 100.000 Jahren planetare Körper, sogenannte Protoplaneten entwickelt haben. Genau durch diesen Prozess wurde auch unsere Erde gebildet. Bis hierhin könnte sich das viele Male im Universum, in unserer und in anderen Galaxien abgespielt haben. Tatsächlich wurden mithilfe des Kepler-Weltraumteleskops, dessen Arbeit Mitte August 2013 eingestellt wurde, 130 Exoplaneten entdeckt, Himmelskörper also, die eine fremde Sonne umkreisen. Weitere knapp 3.000 gefundener Objekte, sind noch nicht bestätigte Kandidaten. Immerhin, drei der gefundenen Exoplaneten halten sich wahrscheinlich in der habitablen Zone ihres Zentralgestirns auf, sodass man annehmen kann, dass sie potenziell in der Lage sind, lebende Organismen hervorzubringen. Ich komme auf dieses Thema, die Entstehung des Lebens, im nächsten Kapitel zurück.

Man nimmt an, dass die Erde in den ersten 100 Millionen Jahre einem intensiven Bombardement von Asteroiden ausgesetzt war[28]. Die Energie, die bei den Einschlägen frei wurde, erhitzte die frühe Erde, bis sie größtenteils aufgeschmolzen war. In der Folge differenzierte sich der Erdkörper in den Erdkern und den Erdmantel. Die schwereren Elemente, vorrangig Eisen, sanken in Richtung Erdmittelpunkt. Die leichteren, wie beispielsweise Silizium und Aluminium, stiegen nach oben. Aus den zur Oberfläche drängenden Elementen bildeten sich letztlich die Gesteine der Erdkruste, die als Schlacke auf dem brodelnden Inneren „trieb" und in Form der tektonischen Platten auch heute noch treibt. Nach der sogenannten Kollisionstheorie führte der letzte große Impakt, also der bis dato letzte große Zusammenstoß der Erde mit einem fremden Himmelskörper, zur Entstehung des Mondes. 30 bis 50 Millionen Jahre nach der Staubphase kam es nach dieser Theorie zu einer Kollision der Erde mit einem Protoplaneten. Dieser wird Theia genannt. Der Name entstammt der griechischen Mythologie. Theia war eine Riesin, die die Mondgöttin Selene gebar. Theia muss etwa über die Größe des Planeten Mars verfügt haben. Durch den Impakt wurden Teile beider Himmelskörper in den Orbit geschleudert, woraus schließlich der Mond entstand. Das Alter unseres Mondes weicht demnach nur unwesentlich von dem der Erde ab. Durch den gewaltigen Zusammenstoß wurde der Erdmantel partiell wieder aufgeschmolzen, erstarrte dann aber wieder relativ schnell innerhalb von wenigen Millionen Jahren.

Die Existenz flüssigen Wassers[13,28] galt lange Zeit als eine Besonderheit unseres Planeten, zumindest innerhalb unseres Sonnensystems. Inzwischen gilt als relativ sicher, dass im Sonnensystem zahlreiche Monde mit Eisschichten bedeckt sind, unter denen sich möglicherweise große Gewässer befinden. Die Existenz flüssigen Wassers wird als eine entscheidende Voraussetzung für die Entstehung und Entwicklung von lebenden Organismen angesehen. Siehe auch im nächsten Kapitel. Die Herkunft des Wassers auf der Erde ist nicht abschließend geklärt. Die wohl anerkannteste Theorie geht davon aus, dass die Vulkantätigkeit der jungen Erde die Uratmosphäre mit Wasserdampf anreicherte und dieser schließlich „ausregnete". Es ist aber umstritten, ob die heutigen Wassermengen – immerhin sind 70 % der Erdoberfläche mit Wasser bedeckt – damit erklärt werden können. Es wird vermutet, dass weitere große Wasseranteile mit Kometen oder wasserreichen Asteroiden auf die Erde gekommen sind[28].

Die Erde ist schalenförmig aufgebaut[28], aus dem Erdkern, dem Erdmantel und der Erdkruste. Die Erdkruste und der oberste Teil des Mantels bilden zusammen die Lithosphäre. Sie ist zwischen 50 und 100 km dick und besteht aus großen und kleineren Einheiten, den sogenannten tektonischen Platten. Diese Platten treiben auf dem teils aufgeschmolzenen und zähflüssigen Material des oberen Erdmantels. Wenn wir großzügigerweise annehmen, dass der Lebensraum der Erdbewohner einschließlich des Menschen und aller Kreaturen dieses Planeten aus einer Schale von 20 km Dicke besteht – jeweils 10 km unterhalb und oberhalb der Erdoberfläche – und wir den Rauminhalt des sichtbaren Universums zu dieser angenommenen Lebenszone ins Verhältnis setzen, erhalten wir einen Faktor in der Größenordnung von 10 Dezillionen – eine Zahl, von der wahrscheinlich nur die wenigsten jemals gehört haben: eine Eins mit 61 Nullen. Dieses Verhältnis ist genau so wenig beeindruckend, wie die Größe der Zahl vorstellbar ist. Ab einer bestimmten Größenordnung, sowohl im Kleinen wie im Großen, sagen uns Zahlen nichts mehr. Es ist auch nicht möglich, das Universum und unseren Planeten auf noch vorstellbare Größen abzubilden, um daraus einen einigermaßen sinnvollen Vergleich ableiten zu können. Das Verhältnis der Größenordnungen ist für uns Menschen tatsächlich extrem unwirklich. Wir können nur ahnen, wie unbedeutend unser Planet und wie unbedeutend wir Menschen für dieses Universum eigentlich sein müssen. Es sei denn, es hätte jemand unserem Planeten und uns eine besondere Bedeutung in dieser unermesslichen Weite zugemessen. Wir werden sehen.

Die Erde ist von einem Magnetfeld umgeben[13,28,29], das nahe der Erdoberfläche einem magnetischen Dipol entspricht. Die magnetischen Feldlinien treten im Wesentlichen auf der Südhalbkugel der Erde aus und durch die Nordhalbkugel wieder in die Erde ein. Das Magnetfeld schützt uns vor dem Teilchenstrom, den die Sonne auf unsere Erde abfeuert. Ohne diesen Schutzmantel wären die hochenergetischen Teilchen in der Lage, Zellbestandteile lebender Organismen anzugreifen, zu verändern und gegebenenfalls zu zerstören. Die Pole sind nicht ortsfest. Der magnetische Nordpol beispielsweise wandert derzeit von Kanada aus mit einer Geschwindigkeit von ca. 30 km pro Jahr in Richtung Nord-Nordwest. Man weiß, dass die magnetischen Pole im Mittel etwa alle 250.000 Jahre umgepolt werden, wenn die Mechanismen, die zu diesem „Polsprung" führen auch noch nicht gut verstanden sind. Die letzte magnetische Feldumkehr ereignete sich allerdings schon vor ca. 780.000 Jahren, sodass statistisch gesehen eine Umkehr überfällig ist. Tatsächlich gibt es Anzeichen für eine bevorstehende Umpolung. Offenbar verursachen Störungen im „Geodynamo" die Aufhebung der ursprünglichen Polarität. So gibt es Stellen in der Kern-Mantel-Zone der Erde, in denen der Magnetfluss entgegen der erwarteten Richtung fließt. Während der Phase der Umpolung, die einige Tausend Jahre in Anspruch nehmen soll, ist das Magnetfeld geschwächt und die Erde dem Sonnenwind stärker ausgesetzt. Dies korreliert mit der Beobachtung, dass in den entsprechenden Sedimentschichten eine Häufung von Artenwechseln bei Kleinorganismen nachgewiesen wurde. Es wird vermutet, dass die Oszillation des Erdmagnetfeldes und die damit einhergehende Schwächung des Feldes die Ursache von DNA-Mutationen und damit ein Schrittmacher der Evolution war. Wie sich eine Polumkehr in der Gegenwart auswirken würde, ist umstritten. Die Vorhersagen reichen von Untergangsszenarien bis zu überschaubaren technischen Problemen. Es wird allerdings für möglich gehalten, dass besonders starke Sonnenwinde in der Umkehrphase zu einem globalen Totalausfall von Stromversorgung und Computerfunktionen führen können.

Der natürliche Treibhauseffekt[13,28,33] – auf den vom Menschen verursachten kommen wir noch – sorgt für eine relativ ausgeglichene mittlere Temperatur auf der Erde. Diese liegt zurzeit bei etwas 15 Grad Celcius. Der Treibhauseffekt entsteht durch die sogenannten Treibhausgase. Dazu zählen Wasserdampf, Kohlenstoffdioxid und Methan. Sie umgeben die Erde wie eine Membran. Diese lässt die einfallende kurzwellige Sonnenstrahlung weitgehend passieren und hält die von der Erdoberfläche reflektierte langwellige Strahlung zurück. Diese kann also nicht in den Orbit entweichen und hält den Planeten warm. Das ist tatsächlich das Prinzip eines Treibhauses, das dem Effekt auch seinen Namen gab: Das Glasdach eines Treibhauses lässt Sonnenlicht durch, aber keine

Wärme hinaus. Die warme Strahlung, die auf diese Weise in der Erdatmosphäre gespeichert wird, heizt die Erdoberfläche und die sie umgebenden Luftschichten auf. Je höher die Konzentration der Treibhausgase ist, desto wärmer wird es auf der Erde. Im Verlauf der Jahrtausende gab es immer wieder Schwankungen der globalen Durchschnittstemperatur um einige Grad. Ohne den natürlichen Treibhauseffekt gäbe es im Übrigen keine höher entwickelten Lebewesen auf der Erde. Die globale Durchschnittstemperatur läge bei -18 Grad Celcius, so lautet jedenfalls die Schätzung.

Die unterschiedlich intensive Sonneneinstrahlung teilt die Erde in relativ gut abgrenzbare **Klimazonen**[28] ein. Diese erstrecken sich von den Polen bis zum Äquator. Unterschieden werden die Polarzonen mit einer mittleren Temperatur von null Grad Celsius, die gemäßigten Zonen bis zur Breite von 40 Grad mit einer Durchschnittstemperatur von ca. acht Grad Celsius, die Subtropen bis zu 23,5 Grad und einer Durchschnittstemperatur von 16 Grad und schließlich die Tropen bis zum Äquator mit einer Durchschnittstemperatur von 24 Grad Celsius. Die jahreszeitlichen Temperaturschwankungen sind umso stärker, je weiter die Klimazone vom Äquator und von den Ozeanen entfernt liegt. Ein weiteres Merkmal der Klimazonen sind die Unterschiede zwischen Tag- und Nachtzeiten, die mit den Jahreszeiten variieren. Diese Unterschiede werden mit zunehmender Nähe zu den Polen größer und sind in Äquatornähe kaum noch auszumachen. Tag und Nacht sind dort stets nahezu gleich lang.

Mit der Erde umkreisen neun **Planeten**[41] die Sonne. Die Erde ist von der Sonne aus gesehen nach Merkur und Venus der dritt nächste. Die ersten vier Planeten, also Merkur, Venus, Erde und Mars sind Gesteinsplaneten. Die Planeten jenseits des Mars, also Jupiter, Saturn, Uranus, Neptun und Pluto sind Gasplaneten. Um die Planeten des Sonnensystems tummeln sich insgesamt zweihundert entdeckte Monde, wobei eine Definition, die einen Himmelskörper als Mond festlegt, nicht existiert. Am bekanntesten sind die Jupitermonde Ganymed, Kallisto, IO und Europa sowie Titan, ein Mond des Saturn. Sie sind gleichzeitig mit dem Erdmond die sechs größten Monde des Sonnensystems. Ganymed, Europa und Callisto sind es auch, auf denen große Eisschichten ausgemacht wurden. Neueren Berechnungen folgend, könnte das auch auf Monden des Saturn, des Neptun und des Uranus der Fall sein. Zwischen der Umlaufbahn von Mars und Jupiter befindet sich der Asteroidengürtel, eine Ansammlung von unregelmäßig geformten Gesteinsbrocken. Größere dieser Objekte werden auch Zwergplaneten genannt. Der bisher größte, der entdeckt wurde, besitzt einen Durchmesser von knapp 1.000 km. Zurzeit sind etwa 400.000 Objektes des Gürtels erfasst. Tatsächlich vorhanden sind einige Millionen. Der Asteroidengürtel ist zusammen mit dem Sonnensystem entstanden. Dass sich aus den Gesteinsklumpen kein größerer Himmelkörper gebildet hat, wird auf den gravitativen Einfluss des Jupiters zurückgeführt. Die Gesamtmasse aller Objekte des Gürtels wird aber nur auf etwa 5 % der Masse des Erdmondes geschätzt, sodass sich ein Planet daraus auf keinen Fall hätte bilden können.

Die mittlere Entfernung zwischen Erde und Sonne liegt bei 150 Millionen Kilometer. Diese mittlere Entfernung dient als astronomische Entfernungseinheit, abgekürzt AE. 1 AE entspricht also etwa 150 Millionen Kilometer. Der Durchmesser des Sonnensystems, das heißt, der mittlere Durchmesser der Umlaufbahn des Planeten Pluto liegt bei etwa 80 AE. Das sind etwa 10 Lichtstunden, das heißt, ein Lichtsignal würde für die Durchquerung des Sonnensystems ca. zehn Stunden benötigen. Im äußersten Bereich des Sonnensystems, in einem Abstand von ca. 100.000 AE wird die Oortsche Wolke, vermutet, von der schon die Rede war. Sie wurde 1950 von dem niederländischen Astronomen Jan Hendrik Oort als Ursprungsort der langperiodischen Kometen postuliert. Die Wolke ist also eine hypothetische Annahme und wurde bis heute nicht direkt beobachtet. Die Objekte der Wolke sind für eine direkte Beobachtung zu klein und gleichzeitig zu weit entfernt.

Meine bisherigen Bemühungen, Größenvergleiche herzustellen zwischen Objekten und Entfernungen im Universum und Objekten und Entfernungen unserer Erfahrung sind relativ kläglich gescheitert. Mit dem Sonnensystem sind wir allerdings auf einer Skala angekommen, die einen halbwegs sinnvollen Vergleich zulässt. Wir stellen uns dazu die Sonne als Ball mit einem Durchmesser von 10 cm vor. In diesem Maßstab hat die Erde die Größe eines Stecknadelkopfes. Sie ist im Mittel 10 m von der Sonne entfernt und Pluto, als sonnenfernster Planet, etwa 400 m. Die Oortsche Wolke ist in diesem Modell aber immer noch 500 km weit weg von der Sonne. Das ist immer noch atemberaubend. Vergleichbar atemberaubend sind die Geschwindigkeiten, mit denen sich die Planeten um die Sonne und die Planeten um ihre eigene Achse drehen. So umläuft die Erde die Sonne mit einer Geschwindigkeit von ca. 30 km/s bzw. 100.000 km/h. Um ihre Achse dreht sie sich am Äquator mit einer Geschwindigkeit von 1.670 km/h. Die Umlaufgeschwindigkeit der Planeten um die Sonne hängt von ihrem Abstand von der Sonne ab. Mit zunehmender Entfernung nimmt die Umlaufgeschwindigkeit ab. Beispielsweise umläuft Pluto die Sonne mit einer Geschwindigkeit von nicht ganz 5 km/s und der sonnennächste Planet Merkur mit einer Geschwindigkeit von knapp 50 km/s.

Die **Erdbahn**[28] um die Sonne beschreibt eine Ellipse mit relativ geringer Exzentrizität. Sie weicht also von einer Kreisbahn nur wenig ab. Die Sonne befindet sich in einem der Brennpunkte der Ellipse. Die beiden Endpunkte der Hauptachse heißen Aphel und Perihel. Das Aphel ist der sonnenfernste, das Perihel der sonnennächste Punkt. Der Mittelwert der Abstände ist der bereits oben erwähnte mittlere Sonnenabstand. Er beträgt exakt 149,6 Millionen Kilometer. Der Perihel-Durchgang erfolgt um den 3. Januar und der Aphel-Durchgang um den 5. Juli. Für einen Sonnenumlauf benötigt die Erde etwas mehr als 365 Tage, genau 365 Tage, 6 Stunden, 9 Minuten und 9,54 Sekunden. Das ist übrigens der Grund dafür, dass alle vier Jahre ein Schalttag eingeschaltet wird. Ab und zu muss allerdings diese Korrektur korrigiert werden, weil man zu viel geschaltet hat. Das heißt, die Schaltjahre müssen ausgesetzt werden. So war das Jahr 2000 eigentlich ein Schaltjahr, wegen der Teilbarkeit durch Hundert aber eigentlich doch keins, wegen der Teilbarkeit durch 400 aber schlussendlich doch eins. Die Erde bewegt sich – von der Bahnebene aus nach Norden blickend – gegen den Uhrzeiger um die Sonne. Die Bahnebene heißt Ekliptik. Die Erde rotiert rechtsläufig – in Richtung Osten – in 24 Stunden um ihre eigene Achse. Diese Zeitspanne wird als Sonnentag bezeichnet. Der Sonnentag ist als Zeitspanne zwischen zwei Sonnenhöchstständen definiert und wird perdefinitionem in 24 Stunden eingeteilt. Durch die Geschwindigkeit der Erdrotation und die dadurch generierte Fliehkraft ist die Erde an den Polen geringfügig abgeplattet und am Äquator zum „Äquatorwulst" verformt. Ihre Gestalt entspricht daher einer an den Polen leicht abgeflachten Kugel mit einem Durchmesser von ca. 12.700 km. Die Rotationsachse der Erde ist zurzeit 23,4 Grad gegen die senkrechte Achse der Ekliptik geneigt. Dadurch werden Nord- und Südhalbkugel an verschiedenen Punkten ihrer Umlaufbahn unterschiedlich intensiv bestrahlt, was zu den unterschiedlichen Jahreszeiten führt. Der Umlauf der Erde um die Sonne wird wesentlich bestimmt durch vier Ereignisse:

- die Wintersonnenwende am 21. Dezember,
- die Tagundnachtgleiche zwischen dem 19. und 21. März,
- die Sommersonnenwende am 21. Juni und
- die Tagundnachtgleiche am 22. oder 23. September.

Die Wintersonnenwende markiert auf der Nordhalbkugel den kürzesten Tag des Jahres. Es beginnt der astronomische Winter. Zwei Wochen später durchläuft die Erde ihr Perihel, also den sonnennächsten Punkt der Umlaufbahn. Dies zeigt, dass die Jahreszeiten nicht durch die Entfernung der Erde zur Sonne, sondern durch die Schräge der Erdachse gegenüber der Bahnebene bestimmt werden. Der Sommer auf der Nordhalbkugel fällt somit in die Zeit ihres sonnenfernsten Bahnbereichs. Jedenfalls ist das in der gegenwärtigen Epoche so. Tatsächlich verändern sich sowohl die Exzentrizität der Erdbahn als auch die Schräge der Achse periodisch. Siehe dazu weiter unten. Zwischen dem 19. und 21. März sind Tag und Nacht gleich lang. Auf der Nordhalbkugel beginnt der astronomische Frühling. Die Sonne steht in Höhe des Äquators. Die Sommersonnenwende markiert auf der Nordhalbkugel den längsten Tag. Es beginnt der astronomische Sommer. Am 22. oder 23. September beginnt der Herbst. Die Sonne ist erneut auf der Höhe des Äquators. Tag und Nacht sind wieder gleich lang. Der geschilderte Ablauf gilt auf der Südhalbkugel analog. Die Jahreszeiten verlaufen nur in entgegengesetzter Richtung.

Sonne und Mond, aber auch die Planeten, insbesondere **Jupiter und Saturn**, generieren Gravitationskräfte, die sich unter anderem auf die Exzentrizität der Umlaufbahn und die Stellung der Erdachse in Relation zu ihrer Bahnebene auswirken. Diese sogenannten Erdbahnparameter[13, 28, 41], auch Orbitalparameter, unterliegen bestimmten Zyklen, die nach ihrem Entdecker, dem serbischen Astrophysiker und Mathematiker Milutin Milankovic als Milankovic-Zyklen bezeichnet werden. Die Exzentrizität der Erdumlaufbahn variiert vorrangig unter dem Einfluss von Jupiter und Saturn von nahezu kreisförmig bis „leicht" elliptisch mit einer Periode von ca. 100.000 Jahren. Mond und Sonne bewirken am Äquatorwulst der Erde ein Drehmoment, das die Erdachse aufzurichten versucht und zu einer Kreiselbewegung der Rotationsachse führt. Ein vollständiger Kegelumlauf dieser „lunisolaren Präzession" dauert ca. 25.000 Jahre. Darüber hinaus wird die Schiefe der Erdachse, die sogenannte Obliquität mit einer Periode von ca. 40.000 Jahren verändert. Sie liegt zwischen 22,1 und 24,5 Grad. Gegenwärtig beträgt die Schiefe 23,4 Grad. Der Mond stabilisiert die Neigung der Erdachse. Ohne seinen Einfluss würde sie infolge der von den Planeten generierten Gravitationskräfte bis zu einer Schräglage von 85° kippen. Es ist wenig wahrscheinlich, dass unter diesen Bedingungen die Entstehung höherer Lebensformen auf unserem Planeten möglich gewesen wäre. Der Mond ist also nicht nur ein romantisch verklärtes Licht am Nachthimmel, das insbesondere von verliebten Pärchen geschätzt wird. Er ist ein Himmelskörper, ohne den wir wahrscheinlich auf diesem Planeten keine Chance gehabt hätten.

Die Gravitation von Mond und Sonne verursacht die Gezeiten. Dabei ist der Einfluss des Mondes etwa doppelt so hoch wie der unseres Zentralgestirns. Die durch das Auf und Ab der Ozeane erzeugte Reibung bremst die Erdrotation und verlängert dadurch die Tage um etwa 20 Mikrosekunden pro Jahr. Das ist zugegebenermaßen nicht sehr viel und wird sich innerhalb eines Menschenlebens sicher nicht bemerkbar machen. Dass es aber tatsächlich so ist, das wurde inzwischen nachgewiesen. Einige Korallenarten entwickeln, vergleichbar mit den Jahresringen der Bäume, „Wachstumsrillen", die das Wachstum nicht nur pro Jahr, sondern sogar pro Monat und pro Tag indizieren. Aus diesen Wachstumsrillen lässt sich die Zeit, die die Erde vor Jahrmillionen für eine Umdrehung um ihre eigene Achse benötigt hat, ermitteln. Das ist extrem bemerkenswert und erstaunlich und zeigt eindrucksvoll die Berechenbarkeit des Systems. Die Gezeiten wirken auch auf die Landmassen und senken bzw. heben diese um bis zu einen halben Meter. Die Rotationsenergie der Erde wird dabei in Wärme umgewandelt. Eine Folge ist, dass die Umlaufgeschwindigkeit des Mondes um die Erde kleiner wird. Er triftet dadurch ab und entfernt sich pro Jahr etwa vier Zentimeter von uns. Dieser vorhergesagte Effekt wurde erstmalig 1995 gemessen. In tausend Jahren werden es also 40 Meter sein, um die sich unser Trabant von uns entfernt haben wird. Ob das viel ist und sich auf uns auswirken wird, ist eher nicht anzunehmen. In ferner Zukunft aber wird der Mond nicht mehr in der Lage sein, die Rotationsachse der Erde stabil zu halten. Diese wird zu torkeln beginnen und würde uns Menschen das Leben ausgesprochen schwer machen. Vorausgesetzt, es gäbe uns noch auf diesem Planeten.

Das relativ ausgeglichene **Klima der Erde**[13] ist eine der wesentlichen Lebensgrundlagen für unsere Spezies. Das Klima ist das Ergebnis des Zusammenwirkens unzähliger „Klimaparameter". Die Atmosphäre, die Ozeane, die Eisschilde der Polkappen und Gletscher, die Landoberfläche und die Biosphäre auf dem Land und im Wasser sowie die Wechselwirkungen zwischen diesen Elementen sind die Hauptbestandteile des Klimasystems. Insgesamt ist weder die Wirkung der einzelnen Bestandteile völlig verstanden, noch ist bekannt, ob und noch weniger, wie sie im Einzelnen wechselwirken. Das Klimageschehen ist ein hochkomplexes System, das der Mensch insbesondere nicht in der Lage ist, zu kontrollieren. Wir werden noch sehen, dass er aber sehr wohl in der Lage ist, es zu beeinflussen und zu stören. Fest steht, dass das Klima der Erde über Zeiträume von einigen Tausend Jahren gesehen keineswegs stabil ist, sondern einem ständigen Wandel unterliegt. Wir gehen auf die wesentlichen klimaverändernden Faktoren ein.

Die von der Sonne emittierte Strahlung liefert grundsätzlich die Energie, die das Klimageschehen auf der Erde antreibt. Sowohl langfristige Klimaveränderungen als auch das tägliche Wettergeschehen hängen von der Sonneneinstrahlung ab, also dem Teil der Strahlung, der auf dem Planeten ankommt. Neben der Emission elektromagnetischer Strahlung, deren Hauptanteil sich im sichtbaren Wellenbereich bewegt und über kurzfristige Zeiträume gesehen relativ stabil ist, emittiert die Sonne einen beständigen Strom elektrisch geladener Teilchen, dessen Stärke aber stark variiert. Diese Schwankungen werden durch regelmäßige Änderungen im sonneneigenen Magnetfeld erklärt. Der Zeitraum zwischen den Maxima bzw. Minima dieses „Teilchenwindes", den sogenannten Solarmaxima bzw. -minima liegt bei etwa elf Jahren. Beim Solarmaximum zeigen sich auf der Sonnenoberfläche dunkle Flecken, die in dieser Phase kühlere Bereiche der Sonnenoberfläche markieren. Deshalb heißt der zugrunde liegende Zyklus auch Sonnenfleckenzyklus. Das letzte Solarmaximum war 2001. Der Sonnenwind hat nach den bisherigen Untersuchungen keinen nennenswerten Einfluss auf das Klima der Erde, wenngleich der Teilchenstrom die Eigenschaften der Atmosphäre verändert und, so wird vermutet, die Wolkenbildung verstärkt und dadurch möglicherweise den Treibhauseffekt beeinflusst. Aber das wird noch untersucht. Der Effekt wird aber, wenn er sich überhaupt zeigt, soviel steht schon fest, relativ klein sein.

Die Einstrahlung der von der Sonne emittierten elektromagnetischen Energie ist trivialerweise abhängig vom Zustand der Erdbahnparametern. So wird das Klima in Zeiträumen, die die Milankovic-Zyklen widerspiegeln, beeinflusst. Da die Periodizität der Bahnparameter unterschiedlich groß ist, kommt es zu komplizierten Überlagerungen, zu verstärkenden, aber auch zu abschwächenden Wirkungen, die im Einzelnen noch nicht vollständig verstanden sind. Unabhängig davon gibt es Überlagerungen und Rückkopplungseffekte mit weiteren klimawirksamen Parametern, die eine Vorhersage nur sehr schwer möglich machen. Die Veränderung der Exzentrizität der Erdbahn alleine führt zum Beispiel zu einer Veränderung der Sonneneinstrahlung im Jahresverlauf. Während momentan die Sonneneinstrahlung im Jahresverlauf um ca. 7 % variiert,

geprägt. Spätestens heute steht fest, dass diese Bezeichnung relativ weit daneben lag und auch immer noch weit daneben liegt. Davon kann man sich Jahr und Tag relativ leicht überzeugen. Bis in die späten 1980er Jahre wurden die Orang-Utans, Gorillas und Schimpansen in der Familie der Menschenaffen zusammengefasst und der Familie der Menschen gegenübergestellt. Genetische Untersuchungen zeigten dann aber, dass Schimpansen und Gorillas näher mit dem Menschen verwandt sind als mit den Orang-Utans. Deshalb werden Menschen, Schimpansen und Gorillas und ihre Vorfahren heute als eine Familie geführt und stehen zusammen neben den Orang-Utans. Einer der bedeutendsten Erfindungen der Evolution auf dem Weg zum Menschen war mit weitreichenden Folgen das aufrechte Gehen. Vor etwa 15 Millionen Jahren führten geologische Veränderungen zu einem zunehmend kühleren und trockeneren Klima, sodass die ursprünglich große Teile des afrikanischen Kontinents bedeckenden Regenwälder zurückgedrängt wurden und ausgedehnte offene Savannenlandschaften entstanden. Es gilt als sicher, dass bis dahin in den Wäldern lebende Menschenaffen in die Baumsavannen und Flusslandschaften vordrangen, die sich an den Rändern der schrumpfenden Tropenwälder ausbreiteten. Das sollte vor ungefähr 6 bis 8 Millionen Jahren vor unserer Zeit gewesen sein. In dieser Zeit muss sich auch der für diese neue Umgebung vorteilhafte aufrechte Gang herausgebildet haben. Aufrecht stehend konnte die Savanne besser überblickt werden. Der bessere Überblick war vorteilhaft bei der Nahrungssuche, bei der Beobachtung von Feinden und dem Schutz vor ihnen. Das aufrechte Gehen entlastete zudem die vorderen Extremitäten. Diese wurden für die Fortbewegung weniger in Anspruch genommen und konnten andere Funktionen übernehmen. In dieser Zeit hat sich wahrscheinlich auch der Stammbaum der Menschheit aufgespalten und sich der Zweig formiert, der schließlich zum modernen Menschen führte.

Das menschliche Gehirn ist im Verhältnis zur Körpergröße deutlich größer als das der anderen Primaten. Es enthält zudem deutlich mehr Nervenzellen, unterscheidet sich im Aufbau aber nicht grundsätzlich. Mensch und Affe verfügen, wie alle höher entwickelten Tiere, über eine vergleichbare „Hardware", über Sinnesorgane, Nervenzellen und Nervenleitungen und ein Gehirn, das die Sinneseindrücke verarbeitet, sortiert, bewertet und Entscheidungen trifft. Diese Mechanismen verlaufen auf allen Entwicklungsstufen völlig analog, wenn sie auch auf unterschiedlichen Evolutionsstufen zur Lösung unterschiedlich komplexer Aufgaben in der Lage sind. Die abgestufte Evolution hat insbesondere die ausgeprägte Großhirnrinde des Menschen mit den Frontallappen he-

liegt die maximale Strahlungsdifferenz bei minimaler Exzentrizität und sonst gleichen Bedingungen bei ca. 2 % und bei maximaler Exzentrizität immerhin bei ca. 23 %. Die Veränderung der Erdachsenneigung verstärkt die jahreszeitlichen Unterschiede. So führt eine größere Neigung der Erdachse zu wärmeren Sommern und kälteren Wintern und umgekehrt. Zurzeit bewegen wir uns auf das Minimum der Obliquität zu, das in etwa 8.000 Jahren erreicht sein wird. Prinzipiell können bei geringer Achsenneigung und damit wärmeren Wintern und kühleren Sommern die Gletscher der Pole und Gebirgsgletscher größere Schneemassen akkumulieren, jedenfalls dann, wenn die Temperaturen dort noch unter dem Gefrierpunkt liegen. Die Ursache liegt in der dann höheren Verdunstung der Ozeane, die zu mehr Niederschlag führt. In den kühleren Sommern ist dagegen die Abschmelzung infolge der geringeren Sonneneinstrahlung und Temperatur schwächer, sodass insgesamt die Bildung von Eisschilden potenziell verstärkt wird. Eine Folge der Präzession der Erdachse ist die Verschiebung der Jahreszeiten. Wir sollten uns also nicht wundern, wenn eines Tages Weihnachten und der Jahreswechsel in die Sommer fallen.

Wenn wir die wissenschaftliche Definition zugrunde legen, leben wir zurzeit in einem Eiszeitalter. Eiszeitalter sind dadurch definiert, dass beide Polkappen vereist sind. Das ist seit etwa 2,7 Millionen Jahren der Fall. Innerhalb dieser Eiszeit wechselten sich Kalt- und Warmzeiten mit einer Periode von etwa 100.000 Jahren ab. Die letzte Kaltzeit ging vor etwa 10.000 Jahren zu Ende, sodass wir gegenwärtig in einer Warmzeit leben. Die regelmäßigen Wechsel zwischen Kalt- und Warmzeiten werden von der Milankovic-Theorie auf die oben beschriebene zyklische Veränderung und das Zusammenwirken der Erdbahnparameter zurückgeführt. Entscheidend ist, wie stark die Landmassen, vorrangig die der Nordhalbkugel, in den Sommern von der Sonne bestrahlt werden. Begünstigt wird eine starke Einstrahlung, wenn die Erdbahn eine hohe Exzentrizität aufweist, sich die Erde im Nordsommer nahe bei der Sonne aufhält und gleichzeitig die Erdachse zur Sonne hin stark geneigt ist. Die mittlere Temperaturdifferenz zwischen den Kalt- und Warmzeiten liegt bei etwa 5 Grad Celcius. Die Höhe dieser Differenz ist durch die unterschiedliche Sonneneinstrahlung im Rahmen der Milankovic-Zyklen allerdings nicht erklärbar. Erklärbar sind tatsächlich maximal 0,5 Grad. Den wesentlichen Beitrag liefern Verstärkungs- und Rückkopplungseffekte. Die wichtigsten sind das Rückstrahlungsvermögen der Erdoberfläche, das man Albedo nennt sowie die Treibhausgase in der Atmosphäre. Verstanden ist, dass in „kalten" Zeiten, in denen also die Son-

neneinstrahlung aufgrund der orbitalen Parameter vermindert ist, die
Eisbildung an den Polen einem sich selbstverstärkenden Prozess unterliegt. Niederschlag, insbesondere an den Polen wird zunehmend zu
Schnee, der die Eisbildung verstärkt. Das Eis wiederum reflektiert die
einfallenden Sonnenstrahlen, sodass die Temperatur weiter sinkt und zu
einer immer weiter fortschreitenden Eisbildung führt. Durch das als Eis
gebundene Wasser sinkt der Meeresspiegel. Die kleinere Wasseroberfläche führt schließlich zu einer globalen Reduzierung der Verdunstung
von Wasser. Die Folge sind im globalen Mittel zurückgehende Niederschläge, wodurch der Prozess verlangsamt wird und gegebenenfalls zum
Stillstand kommt. Treibhausgase, vorrangig Kohlendioxid, werden in
Kaltzeiten der Atmosphäre entzogen und in den Ozeanen gebunden. In
einer durch die Erdbahnparameter begünstigten verstärkten Sonneneinstrahlung werden die gebundenen Treibhausgase frei und an die Atmosphäre abgegeben. Dadurch verstärkt sich die Erwärmung. Diese positive Rückkopplung führt möglicherweise zu einer Warmzeit.

Fest steht aber auch, dass mit dem Einfluss der Erdbahnparameter einschließlich der beschriebenen Rückkopplungseffekte nicht sämtliche
Klimaperioden der Erdgeschichte erklärt werden können. Es gab nachweislich lange Perioden, in denen die Erde völlig frei von großflächigen
Eisbedeckungen war, aber auch Perioden, in denen sie nahezu komplett
von einem Eispanzer bedeckt war. Erklärungen liefern unter anderem
tektonische Prozesse wie die Bewegung der Landmassen des Urkontinents Gondwana, der, das heutige Südamerika, Afrika, die arabische
Halbinsel, Indien, Australien und die Antarktis umfassend, vor 150 Millionen Jahren noch am geografischen Südpol lag. Wenn die Pole über
Land liegen, hat der oben beschriebene Rückkopplungseffekt eine noch
viel größere Chance, denn Landmassen reflektieren die Sonnenstrahlen
stärker als Wasser, sodass der Prozess der sich selbst verstärkenden Eisbildung noch leichter in Gang kommt, als es beispielsweise heute der
Fall wäre, wo die Pole über Meerwasser liegen.

Die Ursache für die Entstehung des gegenwärtigen Eiszeitalters sieht
eine der Theorien in der Schließung der mittelamerikanischen Landbrücke, die vor 13 Millionen begann und vor 2,7 Millionen Jahren abgeschlossen war[13]. In diesem Zuge ordneten sich die Meeresströme neu
und es entstand die nordatlantische Strömung, die letztlich als Golfstrom
große Mengen von salzhaltigem und warmem Wasser nach Norden führt
(siehe dazu auch weiter unten). Dadurch wurde die Verdunstung verstärkt und Wasserdampf zunehmend über die großen nördlichen Land-

massen geführt. Die nächste, diese Vorgänge unterstützende orbital verursachte Kaltzeit führte schließlich zur Vereisung des Nordpols und per definitionem zum gegenwärtigen Eiszeitalter. Der Südpol ist nämlich schon seit ca. 30 Millionen Jahren mit einem Eispanzer überzogen. Soweit jedenfalls eine der Theorien.

Starker Vulkanismus kann durch die in die Atmosphäre gelangte Asche die Sonneneinstrahlung behindern und zu einer Abkühlung bis hin zu einer Eiszeit führen. Gas und Asche werden gegebenenfalls weit in die Atmosphäre geschleudert. Dabei können Gase bis in die Stratosphäre gelangen, wo sie chemisch prozessieren und winzige Partikel bilden, die die Sonnenstrahlen reflektieren und damit die Einstrahlung von Wärmeenergie behindern. Die Folge ist eine Abkühlung, die lokal zu strengen Wintern und anschließenden Überschwemmungen führen kann oder auch zu Jahren mit zu kalten Sommern. Andererseits kann aber auch durch die ausgestoßenen Treibhausgase, wie zum Beispiel Kohlendioxid, eine globale Erwärmung hervorgerufen werden, die dann gegebenenfalls weitere Treibhausgase freisetzt, wie zum Beispiel Methan aus Methanhydrat – in Wassermoleküle eingeschlossenes Methangas – infolge eines Temperaturanstiegs der Ozeane. Der extrem kalte Winter 1783/84 in Nordeuropa und Nordamerika sowie Überschwemmungen in Deutschland im Frühjahr 1784 werden als wahrscheinliche Folge des Ausbruchs des Laki-Kraters auf Island im Sommer 1783 gesehen. Im April 1815 brach der Vulkan Tambora auf Sumbawa, einer Insel des heutigen Indonesien, aus und verursachte offenbar das "Jahr 1816 ohne Sommer".

Meteoriteneinschläge von Meteoriten hinreichender Größe führen zur Aufwirbelung von Staubteilchen, die in der Lage sind, die Atmosphäre zu verdunkeln. Die Wirkungen auf das globale Klima sind vergleichbar mit den Wirkungen starker Vulkantätigkeit. Die weiträumig verschmutzte Atmosphäre kann beispielsweise dazu führen, dass die Fotosynthese großflächig nicht mehr möglich ist. Wir werden im nächsten Abschnitt ein Beispiel sowohl für starken Vulkanismus als auch für einen Meteoriteneinschlag kennenlernen, die als Ursache für erdgeschichtliche Katastrophen diskutiert werden.

Wir gehen noch auf zwei interessante Theorien ein, die Folgen einer zunehmenden Erwärmung der Erde beschreiben[13]. Diese zeigen einmal mehr, wie komplex das Klimasystem ist und wie problembehaftet langfristige Vorhersagen der Klimaentwicklung sind. So sind in den Permafrostböden der hohen Breiten auf der Nordhalbkugel große Mengen der Treibhausgase Kohlendioxid und Methan gespeichert. Nach neueren Schätzungen 1.600 bis 1.700 Gigatonnen CO2. Das sind ca. 50 % des weltweit im Boden gebundenen Kohlenstoffs. Im Zuge der Erderwärmung entweichen die Gase in die Atmosphäre und verstärken den Treibhauseffekt. Das scheint jedenfalls sicher zu sein, wenn auch die Prozesse und Auswirkungen im Einzelnen noch nicht vollständig verstanden sind. Ein weiteres schönes Beispiel für klimawirksame Mechanismen ist der Golfstrom[1]. Auf seinem Weg vom Golf von Mexiko quer über den Atlantik in Richtung Arktis transportiert er gigantische Mengen Wärmeenergie nach Nordeuropa. Ohne den Golfstrom müssten wir mit einer um einige Grad geringeren Durchschnittstemperatur auskommen. Teile der Nordsee wären wahrscheinlich monatelang vereist, vergleichbar mit der Hudson Bay, die etwa auf gleicher Breite liegt. Auf dem Weg in die Arktis kühlt der Strom immer weiter ab. Er ist infolge der Verdunstung nun auch salzhaltiger. Beides, Kälte und hoher Salzgehalt verdichten das Wasser und machen es schwerer, sodass es in die Tiefe des Meeres absinkt. Dies geschieht relativ abrupt, sodass zwischen Spitzbergen und Grönland ungeheure Wassermassen wie Wasserfälle in die Tiefe stürzen. Die dadurch entsehende Sogwirkung ist die eigentliche Ursache dafür, dass der Golfstrom nach Europa gezogen wird. Ein Horrorszenario geht davon aus, dass sich der Salzgehalt des Ozeans vor Grönland durch das Abschmelzen der Polkappen soweit verringert, dass der Golfstrom schwächer wird und im schlimmsten Fall zum Erliegen kommt. Dann allerdings wäre es mit dem relativ milden Klima in Nordeuropa vorbei. Bislang noch gehen die Klimamodellierer allerdings davon aus, dass die Erderwärmung diesen Effekt wohl ausgleichen wird. Tatsächlich einig sind sie sich aber noch nicht. Unabhängig davon, wie sich die Dinge entwickeln werden, zeigen die beiden Beispiele, wie sensibel das System ist. Es zeigt einmal mehr, dass wir alles unterlassen sollten, was zu seiner Störung führt bzw. beiträgt.

Erdgeschichtliche Katastrophen

Von einem Massenaussterben[28] spricht man, wenn in geologisch relativ kurzen Zeitabschnitten – das können durchaus Zeiträume von einigen Hunderttausend Jahren sein – ein überproportional großes Artensterben stattfindet, sodass man die nachfolgenden erdgeschichtlichen Zeitabschnitte durch das Fehlen bestimmter Organismen klassifizieren kann. Die Erdgeschichte wird unter anderem durch genau diese Aussterbeereignisse in Erdzeitalter eingeteilt. Seit Entstehung der Erde sind mehrere

größere und kleinere Massenaussterben durch Fossilienfunde nachgewiesen. Als Ursachen von Massenaussterben werden
- globale Klimaveränderungen,
- starker Vulkanismus,
- Meteoriteneinschläge,
- freiwerdender Schwefelwasserstoff und
- starke kosmische Strahlung

diskutiert.

Globale und abrupte Klimaveränderungen, insbesondere Eiszeiten, als Folge von Meteoriteneinschlägen, intensiver Vulkantätigkeit, Änderungen der Erdbahnparameter, sind in der Lage, Lebensräume großflächig zu zerstören. Globale Erwärmungen können dazu führen, dass große Mengen Schwefelwasserstoff aus den Ozeanen freigesetzt werden, was letztlich zur „Vergiftung" der Atmosphäre führt. Diskutiert wird schließlich auch starke kosmische Teilchenstrahlung, die von in der kosmischen „Nachbarschaft" stattgefundener bzw. stattfindender Supernovae emittiert werden. Für diese letzte Hypothese gibt es allerdings keine gesicherten Erkenntnisse. Auf die bekanntesten Massenaussterben gehen wir kurz ein. Dazu zählen das Massenaussterben vor ca. 250 Millionen Jahren am Ende des Perm, vor 200 Millionen am Ende des Trias und das wohl bekannteste, das Massenaussterben vor 65 Millionen Jahren am Ende der Kreidezeit, dem unter anderem die Dinosaurier zum Opfer gefallen sind. Vor ca. 250 Millionen Jahren starben innerhalb einer Zeitspanne von 200.000 Jahren 95 % aller meeresbewohnenden Arten sowie ca. 66 % aller landbewohnenden Arten – Reptilien- und Amphibienarten – aus. Über die Ursache bestehen noch keine gesicherten und übereinstimmenden Erkenntnisse. Ein Zusammenhang wird aber gesehen mit einem riesigen Magmafeld in Sibirien, das das Klima des gesamten Planeten veränderte. Neuere Untersuchungen sehen dieses Massenaussterben in drei Phasen. Die erste Phase an Land wurde durch die von dem Magmafeld verursachten Klimaveränderungen hervorgerufen. Die Atmosphäre erwärmte sich um etwa 5 °C. Dies führte in der Folge zur Erhöhung der Wassertemperatur in den Ozeanen, was letztendlich das marine Massenaussterben verursachte. Mit dem Temperaturanstieg des Wassers veränderte sich auch die chemische Zusammensetzung des auf dem Boden der Ozeane gebundenen Methanhydrats. Durch die Erwärmung wurden die Moleküle aufgebrochen und das Methan freigesetzt und strömte in die Atmosphäre. Diese erwärmte sich noch einmal um weitere 5 °C, wodurch das Massenaussterben an Land ausgelöst wurde, dem ein Drittel aller seinerzeit lebenden Insektenarten zum Opfer fiel.

Vor ca. 200 Millionen Jahren starben 50 bis 80 % aller Arten aus, unter anderen fast alle Landwirbeltiere. Vermutet wird ein Zusammenhang mit gewaltigen Magmafreisetzungen vor dem Auseinanderbrechen des Urkontinents Pangaea und der damit einhergehenden Vergiftung der flachen, warmen Randmeere durch große Mengen von freigesetztem Schwefelwasserstoff. Vor ca. 65 Millionen Jahren, dem Übergang vom Erdmittelalter zur Erdneuzeit, starben rund 50 % aller Tierarten aus, insbesondere die Dinosaurier. Als Ursache werden zwei Ereignisse diskutiert. Der Einschlag eines Meteoriten nahe der Halbinsel Yucatán in Mexiko und der kontinentale Ausbruch eines Plumes – aus dem tieferen Erdmantel aufsteigender Magmastrom – in Vorderindien. Auch in der gegenwärtigen Epoche gibt es eine Aussterbewelle. Sie begann vor ca. 8.000 Jahren. Sie beschleunigt sich gegenwärtig und wird eindeutig von den Menschen verursacht. Mit der Sesshaftwerdung des Menschen wurde die Tierwelt, insbesondere die Megafauna, nach und nach zurückgedrängt. Eine extreme Zunahme der Aussterberate brachte spätestens das Zeitalter der Entdeckungen ab ca. 1500, als die Europäer in andere Kontinente einfielen, vermeintliche Schädlinge ausrotteten und fremde Tiere wie Ratten, Füchse und Schweine einschleppten, denen die einheimische Fauna nicht gewachsen war. Ein Unterschied zwischen den erdgeschichtlich großen Massenaussterben und der gegenwärtigen Aussterbewelle liegt allerdings darin, dass in der geologischen Vergangenheit naturgesetzliche und damit fortschrittsblinde Prozesse verantwortlich waren und es heute vorrangig der Mensch ist, der zwar ein Denkorgan besitzt, mitunter aber nicht in der Lage ist, es vernünftig einzusetzen. Das ist der entscheidende Unterschied. Ob es allerdings sinnvoll ist, mit aller Macht sämtliche auf dieser Erde lebenden Arten erhalten zu wollen, ist eine andere Frage. Ich halte diese Idee auch nicht für realisierbar. Generell ist anzumerken, dass Datierungen von Massenaussterben äußerst schwierig und mit vielen Unsicherheiten behaftet sind. Sicher dagegen scheint zu sein, dass nach Aussterbeereignissen in der Regel eine Phase der Expansion der überlebenden Organismen folgte.

Die Dinosaurier mussten also aussterben, um der Krone der Schöpfung endlich Platz zu machen. Und die hat, wie man weiß, Platz genommen. Nicht nur Platz genommen, sie hat den Planeten so sehr für sich eingenommen, dass es ihm zurzeit ziemlich schlecht geht. Nach all den Katastrophen, die er schon durchgemacht hat und wahrscheinlich noch durchmachen muss, muss er nun auch noch Homo sapiens über sich ergehen lassen und das seit gut Hundert Jahren in besonders intensiver und zunehmend konzentrierter Form. Wir werden im Kapitel Natur und

Umwelt auf dieses Thema zurückkommen. Ich möchte die Situation durchaus nicht ins Lächerliche ziehen, aber es trafen sich einmal zwei Planeten[17]: „Mir geht es ziemlich schlecht", klagte der kleinere von beiden, „ich habe Homo sapiens". Darauf tröstend sein Gegenüber: „Das ist nicht weiter schlimm, das geht vorüber".

Zusammenfassung, Schlussfolgerungen und Einschätzungen:

Die Entstehung der Erde basiert auf den physikalischen Gesetzen dieser Welt. Es ist nicht erkennbar, dass sich übernatürliche Wesen speziell mit der Entstehung dieses unseres Planeten beschäftigt hätten.

Spätestens seit dem Weltraumteleskop Kepler wissen wir, dass die Milchstraße „Rand voll ist" mit Planeten. Und wer möchte es bezweifeln, wohl das gesamte Universum.

Unsere Erde ist also nicht nur nicht der Mittelpunkt der Welt, sie ist ein Planet wie wahrscheinlich unzählbar viele weitere in diesem Universum. Alle diese Planeten, so auch unsere Erde, sind aus den Akkretionsscheiben ihrer Zentralgestirne, den Gesetzen der Physik folgend, hervorgegangen.

Ob einige der entdeckten Planeten in der Lage sind, Leben hervorzubringen oder bereits Leben hervorgebracht haben, ist offen. Es besteht zwar bei einigen eine gewisse Wahrscheinlichkeit, aber bei Weitem keine Sicherheit.

Die in der gegenwärtigen erdgeschichtlichen Epoche vorherrschenden Bedingungen begünstigen die Existenz hoch entwickelter Organismen. So auch die Existenz unserer eigenen Art. Das war nicht immer so und wird nach allem, was wir wissen, auch in Zukunft nicht notwendig so bleiben. Es wird so sein, dass der Mensch, wie jede ausgestorbene Spezies vor ihm, irgendwann ausgestorben und von dieser Erde verschwunden sein wird.

Das Klimageschehen auf der Erde ist ein hochkomplexes System, das von zahllosen Parametern und Effekten beeinflusst und gesteuert wird. Die Wirkungszusammenhänge sind im Detail noch nicht sehr gut, schon gar nicht vollständig, verstanden. Der Mensch ist insbesondere nicht in der Lage, die zugrunde liegenden Prozesse zu steuern, wohl aber in der Lage, sie zu stören. Wir kommen im Kapitel Natur und Umwelt darauf zurück.

Unser Lebensraum ist im Vergleich zur Größe unseres Sonnensystems, unserer Heimatgalaxie und erst Recht im Verhältnis zur Größe des von uns überschaubaren Universums ein extrem winziger Bereich. So winzig dieser Bereich im Vergleich ist, so sensibel ist er in seiner Eigenschaft als lebenswerter Lebensraum für unsere Spezies.

Die Erde und das Leben auf der Erde haben schon zahllose Katastrophen überstanden und sich immer wieder davon erholt. Ob gerade unsere Spezies auch zukünftig mit hoher Wahrscheinlichkeit nicht ausbleibende Katastrophen überleben wird, ist eine Frage, deren Beantwortung einer Weissagung gleichkäme. Die Erde baucht jedenfalls den Menschen nicht, aber wir Menschen die Erde. So, wie es aber aussieht, hat der Mensch der Erde gerade noch gefehlt.

Quellen: 1, 13, 28, 29, 33, 41

Das Leben

Selbst für die Wissenschaft ist es alles andere als einfach, das, was wir unter Leben verstehen, einigermaßen schlüssig und klar zu beschreiben. Die NASA setzte im Jahr 2000 eine Kommission ein, die die Aufgabe hatte, eine geeignete Definition zu finden. Das Ergebnis dieser Arbeit liest sich so[25]: „Das Leben ist ein chemisches System. Leben hat immer eine stoffliche Grundlage. Es funktioniert durch das Ablaufen chemischer Reaktionen. Außerdem hat es die Fähigkeit, sich an eine veränderliche Umwelt anzupassen. Lebewesen vererben ihre Merkmale an ihre Nachkommen. Dabei kommt es durch Mutationen im Erbgut immer wieder zu Veränderungen – und wenn dadurch ein Merkmal entsteht, das einen Selektionsvorteil bietet, setzt sich diese Veränderung durch. Diese Art der Anpassung ist etwas, das leblose Dinge definitiv nicht können". Diese Umschreibung des Sachverhaltes „Leben" kann man sich nicht gerade einfach einprägen und wiedergeben. Prägnanter ist dann schon die Definition von Tobias Owen, einem Buchautor und Astrobiologen[25]: „Leben ist etwas, das sich reproduzieren kann und eine Evolution ermöglicht". Vielleicht sollte man noch ergänzen: Leben ist ein elektrochemisches System, das sich eine Zeit lang selbst erhalten kann, sich reproduzieren kann und eine Evolution ermöglicht.

Die Grundsatzfrage, die wir uns stellen wollen, ist die Frage nach der Wahrscheinlichkeit der Lebensentstehung. Nachdem Anfang der 1950er Jahre die „Ursuppentheorie" (siehe auch weiter unten) ins Leben gerufen worden war, war man davon überzeugt, dass Leben unter bestimmten Umgebungsbedingungen quasi spontan entsteht[12]: „Eine Ursuppe und ein paar Milliarden Jahre Zeit", das war die einzige vermeintliche Bedingung für seine Entstehung. Inzwischen sieht man das nicht mehr ganz so trivial und in der wissenschaftlichen Welt schon gar nicht einvernehmlich. Tatsächlich sind viele Fragen offen. Man ist sich aber relativ einig über Merkmale der Umwelt, die vorherrschen müssen, damit Leben, zumindest komplexe Lebensformen, überhaupt eine Chance haben sollen, sich zu etablieren und zu entwickeln. Hawking nennt diese Merkmale in dem vorliegenden Zusammenhang Umweltfaktoren[11]. Zu diesen Umweltfaktoren, die für die Entstehung des Lebens notwendig sind, die Entstehung des Lebens zumindest begünstigen und fördern, zählen[11,12]:

Flüssiges Wasser

Leben kann sich wahrscheinlich am ehesten in einem flüssigen Medium bilden. Wasser ist dafür besonders geeignet, da es über einen relativ großen Temperaturbereich von immerhin 100 Grad flüssig ist. Wasser kommt im Universum offenbar häufig vor. Wie wir gesehen haben, sind nicht wenige Monde alleine in unserem Sonnensystem mit Eisschichten bedeckt, unter denen große Gewässer vermutet werden. Die mögliche Existenz eines Ozeans auf einem Himmelkörper macht es zudem wahrscheinlich, dass sich Energiequellen auf den Meeresböden befinden, wie wir sie von der Erde als Schwarze Raucher kennen: hydrothermale Öffnungen, aus denen flüssige Lava aus dem Inneren des Himmelskörpers nach oben strömt. Das wären jedenfalls gute Voraussetzungen für die Entwicklung von lebenden Organismen. Siehe dazu weiter unten.

Ein geeigneter Himmelskörper

Ein für die Entstehung und Erhaltung von Leben geeigneter Himmelskörper sollte dazu in der Lage sein, eine wie auch immer zusammengesetzte Atmosphäre zu halten. Zu kleine Himmelskörper können das aufgrund ihrer geringen Schwerkraft nicht. Zu große Planeten binden auch Gase wie Helium und Wasserstoff in großen Mengen und werden dadurch zu riesigen lebensfeindlichen Gasplaneten wie beispielsweise Saturn und Jupiter.

Ein geeigneter Stern

Etwa 50 % aller „Sonnensysteme", so schätzt man, sind Doppel- oder Mehrsternsysteme. Bereits in dem einfachsten Mehrsternsystem, in einem Doppelsternsystem, sind nur wenige stabile Planetenbahnen möglich[11]. Diese sind in dem Sinne nicht stabil, dass sie dem Planeten über längere Zeiträume keine einigermaßen gleichmäßige Temperaturen liefern können die für, wie auch immer geartete komplexere Lebensformen, notwendig sind. Besonders große Sterne verbrennen ihren Brennstoff so schnell, dass sie nur wenige Millionen Jahre existieren. Sterne mit zu geringer Masse, „verbrennen" dagegen zu langsam und strahlen so wenig Energie ab, dass die Zone, in der Leben denkbar wäre, sehr klein wird. Die Wahrscheinlichkeit, dass sich gerade in dieser Zone ein geeigneter Himmelskörper aufhält, sinkt damit naturgemäß. Für die Entstehung von Leben wird deshalb eine bestimmte Größe vorausgesetzt, die den Stern in die Lage versetzt, in einem geeigneten Abstand, einige

Milliarden Jahre lang relativ stabile Bedingungen zu generieren. Diese sogenannte habitable Zone ist unter den überhaupt infrage kommenden Sternen bei massereicheren eher größer als bei masseärmeren[11]. In der habitablen Zone unserer Sonne liegt nur die Erde, jedenfalls, was höhere Lebensformen angeht. Das weiß man immerhin. Alles in allem fallen 90 bis 95 % der Sterne für eine Lebensentstehung in ihrem Wirkungsbereich aus. Übrig bleiben alleine in unserer Milchstraße aber immer noch 5 bis 10 Milliarden potenzielle Lebensspender. Im sichtbaren Universum sind es dann mindestens noch 500 bis 1.000 Milliarden. Wenn es so ist, dass das Leben unter geeigneten Bedingungen zwangsläufig entsteht, dann ist tatsächlich zu erwarten, dass im Universum noch unzählbar viele Orte existieren, an denen Leben entstanden ist und existiert, auf welcher Entwicklungsstufe und in welcher Ausprägung auch immer. Wenn man allerdings davon ausgeht, dass Leben derart komplex und seine Entstehung derart unwahrscheinlich ist, dass es eigentlich nur ein einiges Mal entstanden sein kann, dann ist es konsequenterweise außerhalb unseres Planeten nicht zu erwarten. Das kopernikanische Prinzip wäre das erste Mal durchbrochen. Es wäre äußerst unbefriedigend, wenn auch nicht zu ändern. Der Mensch wird nicht aufgeben, es herauszufinden. Die Einzigartigkeit und das „Wunder" des Lebens würden aus meiner Sicht allerdings nicht beschädigt, wenn es im Universum Leben mehrfach, also nicht nur auf der Erde gäbe. Einzigartig bliebe es in jedem Fall, denn es ist nicht davon auszugehen, dass die Entwicklung des Lebens an unterschiedlichen Orten dieser Welt, wenn es denn so wäre, gleichermaßen vonstattengegangen ist. Terrestrisches Leben und Menschen wird es mit ziemlicher Sicherheit auf keinem zweiten Planeten und auf keinem anderen Himmelskörper geben.

Ein geeigneter Abstand zum Zentralgestirn

Um vorhandenes Wasser flüssig zu halten, ist ein bestimmter Abstandsbereich zum Zentralgestirn notwenig. Zu große Abstände lassen das Wasser gefrieren, zu geringe, verdampfen. Die vom Zentralgestirn emittierte Strahlung muss auf dem Himmelskörper so energiereich ankommen, dass sie noch in der Lage ist, die lebensnotwenigen Reaktionen anzutreiben. Sie darf aber nicht so stark sein, dass die Lebensbausteine keine Chance haben, sich zu bilden. Die Umlaufbahn des Himmelskörpers sollte wahrscheinlich nicht zu exzentrisch sein. Bahnen mit hoher Exzentrizität führen zu großen Temperaturschwankungen. Die Temperatur auf dem Himmelskörper ist dann stark abhängig von seiner jeweiligen Bahnposition. Die Erdumlaufbahn beispielsweise hat eine sehr niedrige Exzentrizität, sodass sie von einer Kreisbahn nur wenig abweicht. Die Veränderung der Exzentrizität mit einer Periodizität von 100.000 Jahren wirkt sich, wie wir gesehen haben, zwar aus auf das Klima des Planeten, aber nicht so dramatisch, dass höhere Lebensformen nicht existieren könnten. Unsere Existenz ist ein kleiner Beweis dafür.

Das Zusammentreffen dieser Umweltparameter in Bezug auf unsere Umgebung erscheint wie abgestimmt auf die Existenz höherer Lebensformen und nicht zuletzt abgestimmt auf unsere eigene Existenz. Nach Stephen Hawking ist das Zusammentreffen dieser Umweltmerkmale aber leicht zu verstehen, „weil unser kosmisches Habitat nur eines unter unzählbar vielen anderen ist, die es im Universum gibt". Nach Hawking ist es kein Wunder, dass es unter den unzählbar vielen Orten des Universums mindestens einen gibt, der dazu in der Lage war, Leben zu entwickeln und in der Lage ist, es zumindest eine gewisse Zeit lang auch zu halten. Schwieriger wird es da schon mit den möglichen Formen und Inhalten der Naturgesetze. Diese scheinen nämlich nicht weniger gut auf die Existenz höherer Lebensformen, insbesondere auch auf unsere Existenz, abgestimmt zu sein. Die Naturgesetze mussten beispielsweise so beschaffen sein, dass aus den leichten Atomkernen, die in den ersten Minuten nach dem Urknall entstanden sind, schwerere Elemente, insbesondere Kohlenstoff, „gebacken" werden konnten. Wie wir gesehen haben, ist genau das in den Sternen, passiert. Und dann mussten diese Elemente auch noch durch das All dorthin transportiert werden, wo sie gebraucht wurden. Auf Planeten, zumindest auf einen Planeten, auf denen schließlich Leben entstanden ist. Der Transport der Elemente wurde durch die Explosion von Sternen getrieben, deren Wucht wir uns nicht vorstellen können und die wir Supernovae nennen. Bis es überhaupt soweit kommen konnte, mussten die Naturkräfte es erst einmal zulassen, dass sich Galaxien und Sterne bilden konnten. Und das war wiederum nur möglich mit einem fein aufeinander abgestimmten Verhältnis der Grundkräfte der Natur, der Schwerkraft, der Starken Kernkraft, der Schwachen Kernkraft und der Elektromagnetischen Kraft[2]. Die Erklärung für diese Feinabstimmung und das Zusammentreffen der Bedingungen, die die Entstehung des Lebens auf diesem und gegebenenfalls auf vielen weiteren Planeten dieses Universums begünstigt haben, ist das Multiversum. Unser Universum ist eines von unvorstellbar vielen, in denen gegebenenfalls andere Naturkonstanten und andere Naturgesetze gelten. Mit dem Multiversum-Konzept wird die Feinabstimmung der physikalischen Gesetze und Konstanten auf die gleiche Ebene wie die Umweltmerkmale zurückgeführt. Unser Habitat, nun allerdings das gesamte Universum, ist nur eines von unzählbar vielen. Das ist die Quintessenz dieser fantastisch anmutenden Überlegungen, die letztlich die für unsere Existenz günstigen Bedingungen erklären können. Nach Hawking handelt es sich dabei nicht um nicht belegbare Legenden und Erfindungen, die das „Wunder" der Feinabstimmung erklären sollen, sondern um eine notwendige Konsequenz[11] „moderner kosmologischer Theorien".

Die Frage, wann, wo und wie das Leben auf der Erde entstanden ist, ist bisher noch nicht schlüssig und einvernehmlich beantwortet. Dabei ist das „wann" wahrscheinlich noch am einfachsten zu beantworten, jedenfalls einfacher als das „wo" und erst recht einfacher als das „wie". Zurzeit werden erste Lebensanzeichen weitgehend übereinstimmend auf 3,4 Milliarden Jahre vor unserer Zeit datiert. Ältere Funde, die möglicherweise auf lebende Organismen hindeuten, sind umstritten. Dazu zählen Anomalien in Kohlenstoffisotopen, die als Ergebnis biologischen Stoffwechsels gedeutet werden. Sie wurden in ca. 3,9 Milliarden Jahre altem Sedimentgestein auf Grönland entdeckt. Aber auch Funde in Gesteinen im Nordwesten Australiens und in Südafrika, die auf ca. 3,5 Milliarden Jahre vor unserer Zeit datiert und als versteinerte Bakterien gedeutet werden. Was aber sicher scheint, ist, dass es nach den letzten großen Asteroidenbombardements schnell gegangen sein muss. Aus erdgeschichtlicher Sicht sehr schnell, das heißt, innerhalb von maximal 500 bis 600 Millionen Jahren nach den letzten massiven Bombardements, die auf etwa 3,9 bis 4,0 Milliarden Jahre vor unserer Zeit datiert werden, kam es auf der abgekühlten Erdkruste zu Wasseransammlungen und schon bald darauf zu den ersten Lebensanzeichen. Die ältesten fossil überlieferten Bakterien stammen aus einer Zeit vor etwa 3,1 Milliarden Jahren. Das scheint jedenfalls sicher.

Als Erklärungstheorie für die Entstehung der Lebensbausteine machte Anfang der 1950er Jahre die sogenannte Ursuppentheorie[12,15] Furore. Die Situation auf der Erde vor ca. 4,0 Milliarden Jahren kann man sich so vorstellen, dass unzählige Vulkane giftige Gase und Gesteinsbrocken in die noch extrem dünne sauerstofffreie Atmosphäre schleuderten. Die Einschläge der Asteroiden aus dem noch nicht stabilisierten Sonnensystem brachten immer wieder die sich langsam bildende Erdkruste zum Aufschmelzen und die Ozeane zum Kochen. Nachdem das Bombardement nachgelassen hatte, konnte sich die Erdkruste stabilisieren und sich Wasser ansammeln. In dieser „Ursuppe" von Wasser und einer aus Methan, Ammoniak und Wasserstoff zusammengesetzten sauerstofffreien

Atmosphäre, bildeten sich unter der Einwirkung von Blitzen nach der Ursuppentheorie die ersten Bausteine des Lebens. 1953 verblüffte der Chemie-Student Stanley Lloyd Miller die Fachwelt mit einem einfachen Experiment[12,15]: In einem Glaskolben brachte er Wasser zum Sieden. Das entsprach dem brodelnden Urozean. Den Dampf vermengte er mit einem Gasgemisch aus Methan, Ammoniak und Wasserstoff, wie es mit den Vulkanschwaden der Urzeit über die Erde gewabert sein muss. Dieses Gemisch ließ er durch einen Kolben strömen, in dem Elektroden Funken erzeugten, die die Gewitter der Uratmosphäre simulierten. Die elektrische Energie regte das Gasgemisch zu Reaktionen an, aus denen unter anderem Aminosäuren entstanden. Aminosäuren sind die Grundbausteine des Lebens. Dieses genial einfache Experiment war ein entscheidender Schritt bei der Suche nach dem Ursprung des Lebens. Es war aber tatsächlich nur der erste Schritt. Wie, so lautet nämlich die grundsätzliche Frage, haben sich und konnten sich aus den Aminosäuren und anderen Grundbausteinen lebende Organismen bilden? Ich schicke es voraus, diese Frage ist gegenwärtig noch nicht beantwortet. Schon die einfachsten Lebensformen sind ungleich komplexer als die ihnen zugrunde liegenden Moleküle. Ich zähle Schritte auf, die notwendig sind, um von den Basismolekülen zu einem lebenden Organismus zu kommen, ohne auf Einzelheiten einzugehen[12]:

Die Entstehung von Polymeren

Polymere – hier Biopolymere – sind die Grundbausteine lebender Organismen auf der Erde. Es handelt sich um Ketten einfacher Moleküle. Zum Beispiel sind Proteine Ketten von Aminosäuren, Kohlenhydrate Ketten aus Zuckermolekülen. Auch Nukleinsäuren, die im Kontext der Steuerung und Reproduktion von Organismen eine zentrale Rolle spielen, sind polymer, das heißt, aus vielen gleichen Teilen aufgebaut. Proteine beispielsweise finden sich in allen Zellen und verleihen ihnen nicht nur Struktur, sondern sind auch „molekulare Maschinen", die zum Beispiel chemische Reaktionen katalysieren und Signalstoffe erkennen.

Die Entstehung einer Zellmembran

Zellen sind durch eine Membran von ihrer Umgebung abgekapselt. Die Membran dient der Zelle als Schutzhülle. Ohne diese könnten die komplexen Vorgänge in der Zelle nicht ungestört ablaufen.

Die Entstehung von Enzymen

Enzyme sind zuständig für die Stoffwechselvorgänge der Zelle, dienen der Energiegewinnung, dem Aufbau von Zellmaterial und steuern die Replikation der Erbinformationen. Fast alle Enzyme sind Proteine, also aus Aminosäuren aufgebaute Makromoleküle.

Die Entstehung der Erbsubstanz

Ohne Erbsubstanz kann die Zelle zwar existieren, aber sich nicht vermehren. Es ist also eine Art „Apparatur" notwenig, die die Bestandteile der Zelle codieren und die codierte Information wieder in Zellbestandteile umsetzen kann.

Die Situation in der Tiefe der Urozeane wird von einigen Wissenschaftlern als geeignet für die Entstehung von Lebensbausteinen gesehen[12,15]. In der Tiefe der Urozeane strömt aus sogenannten "Schwarzen Rauchern" heiße Lava aus dem Erdinneren nach oben. Sie enthält Gase und Minerale, aus denen erst einfache und mit der Zeit zunehmend komplexe organische Verbindungen entstanden. Es bildeten sich Zellen, die sich fortbewegten und vermehrten. Das stärkste Indiz für diese Vorhersage sind sogenannte Archaebakterien. Archaebakterien zählen tatsächlich zu den ältesten bekannten Lebensformen. Sie wurden in extrem unwirtlichen Biotopen wie im Sickerwasser von Kohlenhalden, in Geysiren, in Salzseen oder eben in der Tiefsee nachgewiesen. Sie bauen ihre Nahrung aus anorganischen Stoffen auf, aus Salz, Methan, Wasserstoff, Ammoniak, Kohlendioxid und Schwefel. Die im vorliegenden Kontext allerdings interessantesten sind die schwefelabhängigen Archaebakterien, denen Temperaturen von über 100 Grad Celcius, die in der Umgebung der Schwarzen Raucher herrschen, nichts anhaben können. Hinzu kommt, dass diese Bakterien Lebensgrundlage der um die Schwarzen Raucher existierenden Fauna sind. Es wird insgesamt vermutet, dass es sich um die Nachfahren der ersten Zellen handelt.

Die Panspermie-Theorie[12,15] geht davon aus, dass Leben nicht auf der Erde entstanden, sondern aus dem All zu uns gelangt ist. Kometen werden als die Transportmittel für bakterielles Leben gesehen. Der Kometenkern besteht zum großen Teil aus Eis. Damit könnten widerstandsfähige Bakteriensporen konserviert und geschützt vor kosmischer Strahlung die Erde erreicht und sie mit Leben "angesteckt" haben. Im Kometenkern vermuten Wissenschaftler Materie aus der Entstehungszeit des

Sonnensystems. Kommende Weltraummissionen, die das Innere von Kometen untersuchen, sollen klären, ob sich diese Theorie halten kann. Diese Theorie löst trivialerweise nicht das Problem der Lebensentstehung, sie verlagert es lediglich an einen anderen Ort. Ein Vorteil besteht allerdings darin, dass der Entwicklung des Lebens eine längere Frist eingeräumt werden kann, als von jeder Theorie, die von der Lebensentstehung auf der Erde ausgeht.

Ein relativ neuer Vorschlag sieht Meereis als geeignete Umgebung für die Bildung biotischer Makromoleküle[22]. Dieser Vorschlag ist zumindest insofern überraschend, dass es gemäß obiger Schilderung der Situation auf der frühen Erde damals eigentlich kein Eis gegeben haben sollte. Das erste nachgewiesene Eiszeitalter, die sogenannte Huronische Eiszeit, begann vor 2,4 Milliarden Jahren und dauerte ca. 300 Millionen Jahre. Nach der Schneeball Erde-Hypothese war die Erde während einer weiteren Vereisungsphase vor 750 bis 600 Millionen Jahren fast komplett von Eis bedeckt. Es hat also im Laufe der planetarischen Entwicklung durchaus Orte gegeben, die zumindest zeitweise mit Eis überzogen waren. Nach Ansicht der die Meereis-Theorie unterstützenden Wissenschafter sind erhöhte Temperaturen für den Aufbau von Makromolekülen eher störend[22]: „Die Produktion von kleinen Molekülen als Bausteine, mag erstmal ... in der Hitze von Vulkanen, heißen unterseeischen Quellen, im Zündkanal von Blitzen oder unter energiereicher UV-Strahlung stattgefunden haben. Der Ort für das Sortieren dieses „Chemie-Zoos" sollte jedoch eher in der Kälte liegen".

Die kurze Schilderung der notwenigen Schritte von der Ursuppe zum Leben lässt ahnen, dass noch sehr viele Fragen offen sind. Und so ist es auch. Es ist letztendlich nicht geklärt, wie das Leben entstanden ist. Diese Sachlage verführt naturgemäß sehr schnell zu der Annahme, dass Wesen, die nicht von dieser Welt sind, ihre Hand im Spiel hatten. Erfahrungsgemäß zeugt diese Haltung von zu großer Ungeduld. Und sie ist bisher noch stets von den Tatsachen überrollt worden, die die Wissenschaft letztendlich zutage gefördert hat. Ich denke an das geozentrische Weltbild, das aufgegeben werden musste, an das heliozentrische Weltbild, das aufgegeben werden musste, an die Vorstellung der besonderen Stellung und Rolle des Menschen, die aufgegeben werden musste. Und der Mensch wird keine Ruhe geben. Das liegt in seiner Natur. Und es werden noch viele Vorstellungen aufgegeben werden müssen. Ich werde im letzten Kapitel darauf zurückkommen, wenn ich über die „Kränkungen" spreche, die die verletzte menschliche Kreatur schon über sich hat ergehen lassen müssen. Und so wird auch das „Wunder" des Lebens entlarvt werden als natürlicher, wenngleich wunderbarer, Prozess. Es spricht alles dafür, dass die[22] "Entstehung von Makromolekülen, die Erbinformationen enthalten können, wie RNA und DNA wohl kein „Wunder" sind, sondern das absolut logische Ergebnis einer Kette von Abläufen, von denen bereits einige Abschnitte verstanden werden". Unabhängig von dieser Feststellung bleibt die Entstehung des Lebens ein Naturwunder und ist nicht weniger wunderbar als ein übernatürliches Wunder.

Vor 2,5 Milliarden Jahren begann ein nicht weniger spannendes Kapitel der Erdgeschichte[12,13]. Es begann die Umwandlung der sauerstofflosen Gashülle in jene Atmosphäre, die uns heute die Luft zum Atmen liefert. Eine Milliarde Jahre nach dem Auftreten der ersten Organismen „erfanden" im Wasser lebende Bakterien – Blaualgen – die Fotosynthese und veränderten damit die Lebensbedingungen auf der gesamten Erde entscheidend. Bei der Fotosynthese wird der zum Aufbau und Lebenserhalt des Organismus notwendige Energiebedarf aus dem Sonnenlicht gedeckt. Zunächst wird Lichtenergie in chemische Energie umgewandelt. Bei den Pflanzen geschieht das mithilfe von Licht absorbierenden Farbstoffen, sogenanntem Chlorophyll, auch als Blattgrün bezeichnet. Die so gewonnene chemische Energie wird dann zum Aufbau energiereicher organischer Verbindungen, wie beispielsweise Kohlenhydraten, verwendet. Bei diesem Prozess wird quasi als Abfallprodukt Sauerstoff frei. Die Fotosynthese ist der bedeutendste und zugleich der älteste biochemische Prozess auf der Erde. Er treibt direkt und indirekt nahezu alle bestehenden Ökosysteme an, indem er anderen Lebewesen Baustoffe und Energie liefert. Nicht zuletzt ist er Energielieferant für Tiere und Menschen. Der auf der Erde vorkommende molekulare Sauerstoff, der in der Atmosphäre gasförmig und in Gewässern gelöst vorliegt, stammt beinahe ausschließlich aus der Fotosynthese. Den Bakterien und diesem Prozess ist es zu verdanken, dass sich Sauerstoff in der Atmosphäre anreichern konnte. Es gilt als ziemlich sicher, dass ohne Sauerstoff keine höher entwickelten Organismen hätten entstehen können, zumindest keine Lebensformen, wie wir sie kennen, unsere Tiere und uns Menschen eingeschlossen, die wir auf die Aufnahme von Sauerstoff über die Atmung angewiesen sind. Zunächst führte diese Entwicklung aber zu einer Katastrophe. Der sogenannten Großen Sauerstoffkatastrophe fielen die meisten der bis dahin anaeroben Lebewesen zum Opfer. Sauerstoff war Gift für sie. Einige Bakterien konnten sich, so wird vermutet, wahrscheinlich in sauerstofffreie Bereiche retten und sich zum Beispiel in die schlammigen Böden der Ozeane zurückziehen und dort überleben. Viele Bakterien müssen Enzyme entwickelt haben, die den Sauerstoff als Zellgift entschärfen konnten. Es kann nur vermutet[12] werden, dass diese die Vorläufer der „echten" Enzyme waren, die schließlich nicht nur uns Menschen, aber auch uns Menschen, ermöglichen, aus dem Sauerstoff der Atmosphäre unsere „Lebensenergie" zu schöpfen.

Zusammenfassung, Schlussfolgerungen und Einschätzungen:

Es ist bis dato nicht geklärt, ob die Entstehung des Lebens ein extrem unwahrscheinlicher und damit ein möglicherweise einmaliger Prozess ist oder ob Leben unter bestimmten Umgebungsbedingungen geradezu zwangsläufig entsteht.

Die Entstehung und der Fortbestand des Lebens auf der Erde sind von zahlreichen physikalischen Parametern abhängig. Um nur einige zu nennen: von den Eigenschaften unseres Zentralgestirns, vom Durchmesser der Erdumlaufbahn, von deren Exzentrizität, von der Neigung der Rotationsachse, dem natürlichen Treibhauseffekt, vom Magnetfeld der Erde, der Existenz und dem gravitativen Einfluss des Mondes und einer Atmosphäre, die hinreichend viel Sauerstoff enthält.

Es ist nicht von der Hand zu weisen, dass das Zusammentreffen all dieser „Umgebungsparameter" relativ unwahrscheinlich scheint und man leicht auf die Idee kommen kann, dass Kräfte im Spiel sind, die nicht von dieser Welt sind. Wir können allerdings feststellen, dass im Universum sehr viele, um nicht zu sagen unzählbar viele Himmelskörper und Planeten aller Art existieren. „Einige davon – zumindest einer – beherbergen Leben"[11].

Die Wissenschaft geht davon aus, dass in beiden Fällen, also unabhängig davon, ob Leben ausschließlich auf der Erde oder viele Male im Universum vorkommt, natürliche Abläufe und keine Mächte aus dem Jenseits im Spiel sind.

Nicht wenige Wissenschaftler gehen zudem davon aus, dass Leben unter bestimmten Bedingungen zwangsläufig entsteht. Wie anders wäre es zu erklären, dass sie sich so intensiv mit dem Aufspüren der Bedingungen und Prozesse beschäftigen, die aus anorganischem Material lebende Organismen hervorgebracht haben.

Geht man von einem extrem unwahrscheinlichen Prozess aus, dann ist Leben außerhalb der Erde nicht zu erwarten. Im anderen Fall wird es wahrscheinlich unzählige Orte im Universum geben, die Leben, in welcher Form und in welcher Komplexität auch immer, hervorgebracht haben.

Ich denke, es gibt viele Orte im Universum, die Leben hervorgebracht haben und noch hervorbringen werden. Unabhängig davon sind die Lebensformen, die sich auf der Erde ausgebildet haben, einschließlich der Lebensform Mensch, wahrscheinlich einmalig. Extraterrestrisch wird es keine Menschen und keine Dinosaurier geben. Auch das, denke ich, ist mit hoher Wahrscheinlichkeit so.

Ich frage mich allerdings, ob der Mensch, die Menschheit, insbesondere die Religionen, vorbereitet sind auf die mögliche Existenz außerirdischen Lebens, unabhängig von seiner Ausprägung. Eigentlich sollten im Vatikan die Köpfe rauchen ob dieser Möglichkeit. Wahrscheinlich haben sie ja auch schon geraucht. Aber es ist nicht viel zu hören davon. Ich denke, in den einschlägigen Zirkeln gibt es schon vorbereitete Antworten, Statements und Legenden.

Ein Weltbild ohne Legenden hätte mit Außerirdischen jedenfalls kein Problem. Auch nicht mit deren durchaus möglicher Nichtexistenz.

Quellen: 11, 12, 13, 15, 22, 25

Die Menschen

Biologisch gesehen sind wir Säugetiere, genauer Primaten[13,38], gehören also zur Familie der Affen. Wie in jeder Familie gibt es Unterschiede zwischen den einzelnen Mitgliedern. So unterscheiden wir uns von den Bonobos, Schimpansen, Gorillas und Orang-Utans zum Beispiel durch unseren aufrechten Gang, die stärkere Ausbildung des Gehirns, die ausgeprägtere Denkfähigkeit, die Sprache sowie die Fähigkeit zur Selbstreflektion. Dass uns diese Unterschiede nicht in allen Fällen zum besonderen Ruhme gereichten und gereichen, ist hinlänglich bekannt und tagtäglich nachzuschlagen. Es soll sogar Affen geben, die nicht sehr glücklich sind, wenn sie davon erfahren, dass sie mit uns verwandt sind. Tatsächlich sind sie – genetisch gesehen – unsere nächsten Verwandten. Die Abstammungsgeschichte ist höchst komplex und für Laien kaum durchschaubar. Fest scheint zu stehen, dass vor rund 20 Millionen Jahren in Afrika menschenaffenähnliche Waldbewohner lebten. Daraus entwickelte sich vor ca. 5 Millionen Jahren eine Art Vormensch. Man nennt ihn Australopithecus, was soviel heißt wie südlicher Affe. Wie die Entwicklung genau weiter verlaufen ist, darüber gibt es unterschiedliche Auffassungen. Über ihre Grundzüge ist man sich aber einig. Danach ging aus dem „südlichen Affen" vor etwa 2,5 Millionen Jahren Homo habilis, der „fähige Mensch", hervor. Er verwendete immerhin schon zugeschlagene Steine als Schaber und Messer. Der Übergang zum nächsten Frühmenschen, dem Homo erectus, passierte vor etwa 2 Millionen Jahren. Dieser breitete sich von Afrika nach Asien und Europa aus. Man fand Spuren von ihm bei Peking, auf Java, in Spanien, in Italien, in Deutschland bei Heidelberg und in Thüringen. Er kannte bereits eine Art Schutzhütte und nutzte das Feuer. Beides waren gute Voraussetzungen, um die kalten Winter in den nördlicheren Breiten halbwegs unbeschadet zu überstehen. Er entwickelte erste Elemente einer Sprache und organisierte seine Lebensabläufe. Vor ungefähr 200.000 Jahren fand der allmähliche Übergang zum Homo neanderthalensis statt. Dieser starb allerdings vor ca. 40.000 Jahren aus. An seine Stelle trat der Cro-Magnon-Mensch, so genannt nach seinem Fundplatz in Frankreich. Der Cro-Magnon-Mensch unterschied sich vom heutigen Menschentyp nicht mehr wesentlich. Er besiedelte von Afrika aus die ganze Welt und gilt als Vorgänger aller Menschenrassen, quasi als Adam und Eva der Menschheit. Die Bezeichnung Homo sapiens – aus dem Lateinischen für weiser Mensch – wurde im 18. Jahrhundert von dem schwedischen Naturforscher Carl von Linné

rausgebildet. Diese sind unter anderem für die emotionalen Empfindungen und für die den Menschen auszeichnende zielgerichtete Vorgehens- und Handlungsweise zuständig. Auch die Bereiche der Großhirnrinde, die für das Sehen und Sprechen zuständig sind, sind beim Menschen ungleich größer als die entsprechenden Areale der Primatenhirne. Schon bei den ältesten Menschenarten war aber das Gehirn schon größer als das des „südlichen Affen", des Australopithecus. Diese Tatsache gab den Evolutionsbiologen lange Zeit Rätsel auf. Ein großes Gehirn hat nämlich auch Nachteile, die diese Entwicklung durchaus hätten verhindern können. So ist der Energiebedarf des Gehirns in Relation zum Körper vergleichsweise hoch. Das Gehirn ist außerdem extrem hitzeempfindlich und es benötigt einen großen Kopf. Inzwischen glaubt man, die richtigen Erklärungen zu kennen. Der hohe Energiebedarf wurde durch die Umstellung auf eine proteinreichere Ernährung gedeckt. Die Savanne mit ihren unzählbar vielen Arten war ein reich gedeckter Tisch. Man geht davon aus, dass Fleisch anfänglich aus As verwertet wurde. Aus As verendeter Tiere und von Kadavern, die Raubtiere zurückgelassen hatten. Das menschliche Gehirn verträgt Temperaturen bis knapp über 40 Grad Celcius. Höhere Temperaturen sind auf Dauer tödlich. Das war in der offenen Savanne ein Problem. Aber auch gegen die Hitze schützte der aufrechte Gang. Der aufrecht stehende Körper ist der Sonneneinstrahlung weniger stark ausgesetzt. Nun verlangen aber ein größeres Gehirn nach einem größeren Kopf und ein größerer Kopf nach einem breiteren Becken, um nämlich Geburten gefahrlos überstehen zu können. Ein breites Becken ist mit dem aufrechten Gang wiederum nur schwer zu vereinbaren. Der Ausweg aus diesem Dilemma war die frühe Geburt. Menschen gebären auffallend früher als zum Beispiel Schimpansen. Das erste menschliche Lebensjahr wird deshalb auch als „extrauterines Jahr des Embryo" bezeichnet. Bei der Geburt sind die Nervenzellen im Gehirn zwar weitestgehend vorhanden, aber in vielen Hirnarealen noch nicht miteinander verbunden. Die von den Sinnesorganen aufgenommenen Signale „konfigurieren" quasi das Gehirn, zumindest Teile davon. Das Leben wird auf diese Weise von den Menschenkindern erst „erlernt". So zum Beispiel das Sehen und das Sprechen. Das ist in einem späteren Stadium nicht mehr möglich. Insgesamt ist der Mensch in einer relativ lange andauernden Kindheit auf intensive mitmenschliche Zuwendung und Versorgung angewiesen. Das Fürsorge- und Sozialverhalten in der Gruppe verstärkt wiederum das Gehirnwachstum. Auch das scheint sicher. Es sind letztendlich eine Reihe sich selbstverstärkender Prozesse, die zu dem enormen Vorsprung des Menschen vor all seinen Mitkreaturen geführt haben. Das „unfertige" Menschenkind lernt in erster Linie durch Nachahmung. Das erklärt auch, dass in der frühen Kindheit eingeübte Verhaltensweisen und Denkmuster aus den Köpfen nicht mehr so leicht herauszubekommen sind. Das gilt für den bösen Wolf genauso wie für Himmel und Hölle, Hexen, Engel, Schutzengel, Gott und Teufel.

Der Mensch hat sich nicht nur biologisch, sondern auch kulturell entwickelt. Der kulturelle Entwicklungsstand der frühen Vorfahren war nach allem, was wir wissen, über Jahrhunderttausende hinweg nahezu unverändert, um nicht zu sagen, nicht vorhanden. Erst als der Mensch sesshaft wurde und begann, Ackerbau und Viehhaltung zu betreiben, beschleunigte sich die kulturelle Entwicklung. Der Mensch wurde zunehmend in die Lage versetzt, sich mit Dingen zu beschäftigen, die nicht notwenig ausschließlich seinem Überleben dienten.

Das Bewusstsein ermöglicht dem Menschen ein Verhältnis zu sich selbst. So sind wir Menschen in der Lage, uns Fragen zu stellen, die unsere eigene Existenz und Zukunft betreffen, nach unserer Stellung im Kosmos, nach der Existenz einer jenseitigen Welt, nach einem Leben über das diesseitige hinaus, nach ethischen Grundsätzen des menschlichen Zusammenlebens sowie nach dem Sinn des Lebens, genau das also, was wir hier gerade tun. Wir sind zwar in der Lage, diese Fragen zu stellen. Ob wir sie stellen, hängt unter anderem von der Lebenssituation ab. Menschen, deren Leben durch die Beschaffung ihres „täglichen Brotes" bestimmt wird, ob verschuldet oder nicht verschuldet, werden verständlicherweise wenig Interesse an den aufgeworfenen Fragen haben können. Und Menschen, die im Überfluss leben, sind eher mit sich selbst beschäftigt.

Eng verbunden mit der Bewusstseinsfrage ist die Frage, ob wir Menschen über einen freien Willen verfügen. Die Antworten darauf sind nicht eindeutig. Deterministen bestreiten die Existenz eines freien Willens. Sie gehen davon aus, dass individuelles Handeln stets das Ergebnis einer Kette von Wirkungsursachen ist, die das menschliche Bewusstsein steuern. Der individuelle Entscheidungsprozess ist demnach nur scheinbar vorhanden. Eine wissenschaftlich fundierte und eindeutige Beantwortung dieser Frage ist gegenwärtig nicht zu sehen. Für Stephen Hawking beispielsweise ist unser Gehirn ein physikalisches System, das auf der Basis von unzähligen Parametern Entscheidungen trifft, die wir freien Willen nennen. Ich kann es letztlich nicht beurteilen, aber ich denke, er hat recht. Warum soll gerade der Mensch, der von dieser Welt ist wie alles, was wir um uns herum sehen, aus dem gleichen Stoff, aus den gleichen Atomen bestehend, warum soll der Mensch, das Gehirn des Menschen, von allem, was ihn umgibt, so völlig verschieden arbeiten und so völlig verschieden sein? Das gilt in abgestufter Form für jedes Gehirn. Es wird so sein: Das Gehirn ist ein hochkomplexes physikalisches Gebilde, in dem elektromagnetische Prozesse ablaufen, die den Körper steuern und in Abhängigkeit von der Entwicklungsstufe das Bewusstsein bilden und insbesondere uns Menschen als vorläufige Spitze der biologischen Evolution in die Lage versetzen, komplexe Handlungen zu vollziehen und Entscheidungen zu treffen.

Verwandt mit der Bewusstseinsfrage und der Frage nach dem freien Willen des Menschen ist das Leib-Seele-Problem: Sind Körper und Geist verschiedene Dinge oder sind sie letztlich eins? Kann der Geist ohne Körper existieren? An diesem Problem scheiden sich die Geister schon seit Platon und Aristoteles. Die Zeiten des Platons und die des Aristoteles liegen zugegebenermaßen schon einige Jahre zurück. Dass sich an dem Problem auch heute noch die Geister scheiden, ist schon einigermaßen erstaunlich, insbesondere in Anbetracht der Tatsache, dass wir inzwischen auf den Mond fliegen, Computer und Navigationsgeräte bauen, ein internationales Datennetz betreiben und wissen, dass das Universum 13,8 Milliarden Jahre alt ist. Während Platon das Geistige vom Leiblichen dualistisch schied – Geist und Körper existieren eigenständig und sind grundverschiedene Dinge –, vertrat Aristoteles die Einheit von Körper und Seele, die unabhängig voneinander nicht existieren können. Eine verblüffend moderne Sicht der Dinge. Nicht im Sinne von modisch, sondern im Sinne aktueller wissenschaftlicher Erkenntnis. Danach ist das Bewusstsein ein Artefakt des menschlichen Gehirns, der Geist das Ergebnis neuronaler Prozesse im Gehirn und ohne Körper nicht möglich. Stephan Hawking vergleicht das Verhältnis von Körper und Geist mit der Hardware und der Software eines Computers. Das Gehirn ist als zentrale Einheit in der Lage, über die Sinne „eingelesene" Daten mit gespeicherten Informationen zu verknüpfen und auf diese Weise Bewegungsabläufe, Handlungsabläufe, Empfindungen und das Bewusstsein zu steuern und Entscheidungen zu treffen, die wir freien Willen nennen. Um bekannten Einwänden vorzubeugen: Vergleiche sind immer nur Vergleiche im Sinne des Wortes und sie „hinken" in der Regel. So sind die Schalt- und Speichermechanismen des Gehirns ungleich komplexer als die eines konventionellen Computers. Sie sind insgesamt auch noch nicht sehr gut verstanden, sodass sich der Vergleich nicht auf die „internen" Abläufe beziehen kann und auch nicht beziehen will. Es geht lediglich darum, zu veranschaulichen, dass das Bewusstsein auf der Basis natürlicher, also physikalischer und chemischer Prozesse gebildet wird und von dieser Welt ist.

Mit dem Leib-Seele-Problem wird letztlich auch die Frage nach einem Leben über den Tod hinaus beantwortet. Diese Frage zu stellen macht trivialerweise nur Sinn, wenn man von der Dualität von Körper und Seele überzeugt ist. Dass die Körper nicht überleben, das kann man leicht feststellen. Es wird sicher niemand ernsthaft glauben wollen, dass die zu „Staub" zerfallenen Körper unserer Toten auf irgendeine wundersame Weise zu ihrer ursprünglichen Form zusammengebastelt werden können und zusammengebastelt werden. Die Seele kann deshalb nur dann überleben, wenn sie etwas vom Körper völlig Verschiedenes und von ihm Trennbares ist. Das ist sie aber, nach allem, was wir wissen, gerade nicht. Alle Vorstellungen des Menschen von einem Leben nach diesem Leben sind tatsächlich nur Wunschvorstellungen und Legenden. Das ist jedenfalls die einfachste und im Sinne Ockhams sparsamste Beantwortung dieser Frage. Dennoch versuchen die Menschen seit jeher, seit Menschengedenken, mit den verschiedensten Riten, Mythen und Vorstellungen den Tod zu überwinden und die Frage nach dem Sinn des Leben und dem Leben nach dem Tod zu beantworten. Ein Leben nach dem Tod ist eine relativ widersinnige Wunschvorstellung. Tod sein oder leben, das ist die Alternative. Der Tod gehört nicht zum Leben, er ist das Ende jeglichen Lebens. Die Beantwortung der in diesem Kontext gestellten Fragen war und ist seit jeher die Domäne der Religionen und Weltanschauungen. Dass die unterschiedlichen Glaubensrichtungen und Überzeugungen zu fanatischen Einstellungen geführt haben und neben den natürlichen Katastrophen Ursache für die größten menschlichen Katastrophen waren und noch sind, ist hinlänglich bekannt. Nach allem, was man beobachten kann, wird sich das in absehbarer Zeit nicht ändern, sodass Zweifel berechtigt sind, dass die Menschheit irgendwann doch noch zur Vernunft kommt. Ich würde es gerne erleben. Aber mit ziemlicher Sicherheit, wird meine Zeit dafür nicht mehr ausreichen.

Wie es um die Zukunft des Menschen bestellt ist, ist schwer zu sagen. Was ziemlich sicher ist, ist die Tatsache, dass unser Fixstern unseren Planeten in 500 Millionen Jahren derart aufgeheizt[13] haben wird, dass höhere Lebensformen nicht mehr existieren können und insbesondere menschliches Leben nicht mehr möglich sein wird. Erdzeitgeschichtlich gesehen ist das keine sonderlich lange Zeitspanne. Aber ich denke, wir haben dann schon lange selbst dafür gesorgt, dass es uns nicht mehr gibt. Das ist keine besonders gut begründete Hypothese, nur eine Vermutung. Gegen den Untergang der Erde in Millionen von Jahren können wir nichts unternehmen. Wir können die Zeitspanne aber leicht verkürzen, wenn wir nicht endlich unseren Verstand einsetzen. Jeder Einzelne seinen individuellen und wir alle zusammen unseren Schwarmverstand. Um die ist es allerdings ziemlich schlecht bestellt. Das kann man jeden Tag aufs Neue in der Zeitung lesen, in den Nachrichten hören und im Fernsehen sehen.

Wir beschäftigen uns abschließend mit einigen wenigen Aspekten des menschlichen Zusammenlebens. Der Mensch ist an der Spitze der Evolution mit seiner unumstritten hohen Einzelintelligenz zwar in der Lage, sich Fragen nach ethischen Grundsätzen des menschlichen Zusammenlebens zu stellen, offensichtlich aber nicht in der Lage, die richtigen Antworten zu finden und danach zu handeln. Er ist nicht einmal in der Lage, seinen 7 Milliarden Artgenossen auf diesem Planeten ein halbwegs erträgliches Leben zu organisieren. Obgleich unser Planet, jedenfalls nach relativ einstimmiger Meinung der Experten, seine Bewohner hinreichend mit Lebensmitteln versorgen könnte, leiden 700 bis 800 Millionen Hunger, täglich, stündlich, ständig. Täglich sterben Kinder an Unterernährung. Die Gründe dafür sind vielfältig. Nur auf wenige der Ursachen möchte ich eingehen. Die Hauptursache ist, wie könnte es anders sein, der Mensch selbst. Sein Egoismus und seine Schwarmdummheit lassen es nicht zu, für eine hinreichende Versorgung seiner Artgenossen zu sorgen[26]. Sein ungebremster Bedarf nach Fleisch, sein ungebremster Hunger nach Energie, der Klimawandel, den er zu einem Teil mit verursacht und seine ungebremste Gier nach Geld hindern ihn daran. Der ungebrochene Fleischbedarf in den Industrienationen und der zunehmende Bedarf in den Schwellenländern verlangen nach mehr Mais und Soja als Nahrung für die „Fleischlieferanten". Für den Anbau und die Viehweiden wird Land benötigt. Das steht für den Anbau von Grundnahrungsmitteln wie Roggen und Weizen nicht mehr zur Verfügung. Um den Energiebedarf der wachsenden und wohlhabender werdenden Weltbevölkerung zu decken, wird unter anderem Mais für die Herstellung von Biosprit verwendet. In den USA schon nahezu die Hälfte der Maisernte. Das hat notwenigerweise Folgen für die Nahrungsmittelversorgung. „Was in den Tank geht, fehlt auf dem Tisch". Der Klimawandel mit zunehmend häufiger werdenden Dürre- und Überschwemmungsperioden tut sein Übriges. Ernten fallen aus und verteuern die Lebensmittel. Land wird deshalb immer kostbarer. Das ruft die Spekulanten auf den Plan. Inzwischen erfolgt die Landnahme in großem

Stiel. Land-Grabbing nennen sie es[7]. Staaten tun es, um sich im Zuge des Klimawandels, der damit erwarteten Dürreperioden und der gleichzeitig wachsenden Bevölkerung landwirtschaftliche Nutzfläche zu sichern, multinationale Großkonzerne tun es, um sich Anbauflächen für die Energieproduktion wie Mais, Zuckerrohr und Ölpflanzen zu sichern und natürlich Hedge Fonds, Investmentfonds und Banken tun es. Die knapper werdende Ressource Land verspricht ordentliche Renditen. Für die geldgierigen Geldanleger, die niemals genug bekommen. Dies geschieht vielfach ohne Rücksicht auf die Menschen vor Ort. Tausende werden von Grund und Boden vertrieben. Die Folgen für die Menschen der so beraubten Länder – in der Regel handelt es sich um die ärmsten mit leider häufig korrupten Eliten – kann man sich ausmalen: Verdrängung der kleinbäuerlichen Landwirtschaft, Verlust der überlieferten und uralten Weide- und Wasserrechte und zunehmend Probleme bei der Sicherstellung der Ernährung. Niemand will es, jeder beklagt es – und doch passiert es[17]. Homo avidus, der gierige, unersättliche Mensch lässt grüßen.

Aber nicht nur mit Land, auch mit Nahrungsmitteln[20] wird spekuliert. Spekulationsgeschäfte mit Grundnahrungsmitteln generieren zumindest instabile Preise, wenn sie nicht sogar mitverantwortlich dafür sind, dass die Lebensmittelpreise weltweit unaufhörlich steigen. Dieser Zusammenhang wird zwar vom Homo oeconomicus, zumindest von einigen Experten dieser Spezies, vehement bestritten, wahrscheinlich vorrangig von denen, die damit Geschäfte machen. Ich kann es nicht belegen. Ich kann mir allerdings nicht vorstellen, dass Spekulationsgeschäfte, die unter anderem auf den Anstieg der Nahrungsmittelpreise setzen, zu deren Reduzierung führen. Ich schließe mich der Meinung an: „Mit Essen spielt man nicht".

Es besteht offensichtlich keine große Aussicht auf eine bessere Welt. Die Weltbevölkerung steigt ungebremst und rasant, vorrangig in den Entwicklungs- und Schwellenländern. Andererseits vernichtet der Mensch systematisch die Grundlagen für ein lebenswertes Leben aller Bewohner dieses Planeten. Das Dumme ist, dass die Völker, die bisher noch nicht in den Genuss gekommen sind, halbwegs anständig leben zu können, entsprechenden Nachholbedarf haben. Sie benötigen auch alle sauberes Wasser und ausreichend Nahrung und sie wollen irgendwann auch alle ein warmes und trockenes und sauberes Zuhause, auch alle ein Auto, auch alle einen Kühlschrank, auch alle ein Flat-TV, ein Smartphone und ein Laptop. Wer wollte es ihnen verwehren? Es sind jedenfalls keine guten Aussichten für unseren Planeten. Er hat keine sonderlich gute Prognose, so könnte man es auch ausdrücken. Der Mensch verhält sich im Verhältnis zu ihm wie ein Krebsgeschwür, das schon extrem gestreut hat und, wenn überhaupt, nur noch unter großen Anstrengungen unter Kontrolle zu bringen ist. Das Dumme ist, die eigentlich notwendigen Anstrengungen halten sich in verhältnismäßig sehr überschaubaren Grenzen.

Zusammenfassung, Schlussfolgerungen und Einschätzungen:

Der Mensch ist auf diesem Globus das Lebewesen, das über die größte Einzelintelligenz verfügt. Er steht an der vorläufigen Spitze der Evolution. Das dürfte soweit klar sein.

Der Geist, die Seele, das Bewusstsein sind das Ergebnis neuronaler Prozesse im Gehirn und ohne Körper nicht möglich. Es gibt ohne Körper keine Seele. Leib und Seele sind untrennbar miteinander verknüpft.

Dass nach diesem Leben der Körper zerfällt, davon können wir uns leicht überzeugen. Dass die zerfallenen Körper auf irgendeine wundersame Weise wieder zusammengebastelt werden könnten bzw. zusammengebastelt werden, das kann eigentlich niemand wirklich annehmen. Gradlinig und im Sinne Ockhams sparsam ist die Annahme, dass es kein Leben über dieses Leben hinaus geben wird.

Der freie Wille des Menschen ist eine Illusion. Die Arbeitsweise des menschlichen Gehirns ist vergleichbar mit der eines Computers. Es ist in der Lage, über die Sinne „eingelesene" Daten mit gespeicherten Informationen zu verknüpfen und auf diese Weise Bewegungsabläufe, Handlungsabläufe, Empfindungen und das Bewusstsein zu steuern und Entscheidungen zu treffen, die wir freien Willen nennen (Hawking).

Der Mensch wird eines Tages von diesem Planeten verschwunden sein, sowie vor ihm schon viele Arten ausgestorben und von diesem Planeten verschwunden sind. Der Mensch steht auf der Liste der bedrohten Tierarten.

Der Mensch ist trotz seiner unumstrittenen Einzelintelligenz offensichtlich nicht in der Lage, den zurzeit 7 Milliarden seiner Artgenossen auf diesem unseren Planeten ein halbwegs menschenwürdiges Leben zu ermöglichen. Obgleich nach Meinung der Experten die Ressourcen des Planeten deutlich mehr Menschen versorgen könnten.

Der Mensch hat Auswüchse zugelassen, die ihm an der Spitze der Evolution stehend, nicht sehr gut zu Gesicht stehen: Er lässt nicht wenige seiner Artgenossen verhungern und verdursten, er erzeugt gleichzeitig mehr Nahrungsmittel, als er zu sich nehmen kann, er spekuliert mit Nahrungsmitteln und Land, er macht Getreide zu Biosprit, er holzt Tropenwälder ab, um Land zu gewinnen, Land für Viehweiden und den Anbau von Mais und Soja, um damit den ungebremsten Fleischbedarf der reichen und reicher werdenden Länder zu befriedigen.

Quellen: 7, 13, 20, 26, 38

Natur und Umwelt

Die habitable Zone unserer Sonne, also der Bereich, in dem Leben in der Form, wie wir es kennen, möglich ist, insbesondere menschliches Leben, ist vergleichsweise klein. Nach allem, was wir wissen, ist es ausschließlich unsere Erde, die sich innerhalb des Sonnensystems in dieser Zone aufhält. Für die „Projektion" dieser habitablen Zone auf die Erde, die Biosphäre unseres Planeten, hatten wir eine relativ dünne Schale von 10 Kilometern unterhalb und oberhalb der Erdoberfläche festgemacht. Was wahrscheinlich keiner wissenschaftlichen Überprüfung Stand halten würde. Es ging lediglich darum, zu veranschaulichen, wie extrem klein und damit beinahe zwangsläufig auch verletzlich dieser unser Lebensraum ist bzw. sein muss. Dass Leben auf unserem Planeten entstehen und sich, zumindest bis heute, behaupten konnte, ist einer Vielzahl physikalischer, chemischer und biologischer Parameter und Prozesse geschuldet. Die zugrunde liegenden Größen und deren Wirkungszusammenhänge sind bei Weitem nicht und schon gar nicht vollständig verstanden. Wie wir festgestellt haben, unterliegt das Klima einem ständigen Wandel. Ein halbwegs gemäßigtes Klima ist aber Voraussetzung für das menschliche Leben auf diesem Planeten. Gegenwärtig, seit dem Ende der letzten Kaltzeit vor etwa zehntausend Jahren, leben wir in einem interglazialen Zeitalter, in einer Warmzeit zwischen Kaltzeiten. Dummerweise spielt unser Planet seit einiger Zeit verrückt. Wir haben ihn offenbar überfordert. Seit ca. 100 Jahren erwärmt er sich nämlich zunehmend schneller, beängstigend schnell. Ziemlich eindeutig scheint zu sein, dass die Erwärmung schneller erfolgt, als sie durch den Einfluss natürlicher Parameter erklärbar wäre. Innerhalb der letzten 60 Jahre waren es etwa 0,90 Grad Celcius[13,33]. Als Hauptverursacher gilt die Anreicherung der Atmosphäre mit Treibhausgasen, vorrangig mit CO_2. Nach inzwischen einhelliger wissenschaftlicher Meinung ist Homo sapiens daran nicht unbedingt unschuldig, wenn auch ganz besonders intelligente Schlaumeier das immer noch nicht wahrhaben wollen. Aber immerhin, selbst unsere Politiker haben inzwischen die Befürchtung, dass etwas dran sein könnte an der globalen Erderwärmung. Wir haben keine Wahl. Die Fakten sprechen eine relativ deutliche Sprache. Das System der global klimawirksamen Parameter können wir Menschen mit Sicherheit nicht kontrollieren und nicht beeinflussen, weder die Erdbahnparameter noch die Trift der tektonischen Platten und wir können wahrscheinlich auch nicht verhindern, dass uns eines Tages ein Meteorit um die Ohren fliegt und auch nicht verhindern, dass möglicherweise der Golfstrom versiegt oder Treibhausgase aus den Permafrostböden der nördlichen Hemisphäre frei werden und dadurch der Treibhauseffekt eskaliert. Das Wenige, das wir in der Lage sind zu tun, damit das Leben auf diesem Planeten noch eine Zeit lang lebenswert bleibt, das sollten wir allerdings tun. Leider geschieht dies nicht in dem Maße, wie es notwenig wäre. Unsere kollektive Dummheit hindert uns offensichtlich daran. Obwohl, es gibt Ansätze. Wenigstens in einigen der eher reichen Länder. Die haben möglicherweise ein schlechtes Gewissen. Sie waren es schließlich, die in den vergangenen 200 Jahren maßgeblich dafür gesorgt haben, dass die „Lebensparameter" gehörig aus dem Gleichgewicht geraten sind. Umweltschutz[37] nennen wir die Gesamtheit der Maßnahmen, die die Erhaltung der natürlichen Lebensgrundlage für alle Lebewesen dieses Planeten zum Ziel haben. Klimaschutz[37], der Schutz unserer Wälder und Gewässer und der Schutz der Atmosphäre und der Böden sind die zentralen Aufgaben.

Aktuell steht die anthropogene, das heißt, die durch den Menschen verursachte Erwärmung der Erde im Fokus des Klimaschutzes. Klimaschutzmaßnahmen sollen der durch den Menschen verursachten globalen Erwärmung entgegenwirken und mögliche Folgen abmildern oder sie sogar verhindern helfen. Dazu zählt zum Beispiel die Reduzierung des Ausstoßes von Treibhausgasen durch Industrie, Verkehr und Landwirtschaft. Außerdem wird versucht, Gebiete als sogenannte CO_2-Senken zu erhalten, die das für die anthropogene Erderwärmung hauptverantwortliche Kohlenstoffdioxid binden sollen: die Ozeane, große Waldgebiete wie die Tropenwälder und die Nadelwälder der nördlichen Hemisphäre, aber auch große Moor- und Sumpfgebiete und Flussauen, Parks und Stadtwaldgebiete. Dummerweise ist die Erwärmung der Erde damit höchstwahrscheinlich nicht zu stoppen. Jedenfalls nach Meinung nicht weniger Wissenschafter nicht. Und schon gar nicht in dem Maße, wie es unsere Politiker und unsere politischen Wissenschafter uns weiszumachen versuchen. Ob die Gegenmaßnahmen einen nachweisbaren Nutzen stiften werden, muss sich noch zeigen. Es wird schwierig werden, aber mit den Folgen ist durchaus nicht zu spaßen. Um nur einige zu nennen[18,31]: Weltweites Abschmelzen der Gletscher mit alarmierender Geschwindigkeit, Abschmelzen der Polkappen, Verwüstung ganzer Landstriche durch zunehmend schwere Stürme, zunehmende Trockenheit und sintflutartige Niederschläge im Wechsel, Überschwemmungen, weil die ausgetrockneten Böden die Wassermassen nicht mehr aufnehmen können, damit häufiger einsetzende Hochwasser und weltweiter

Anstieg des Meeresspiegels, Klimakatastrophen und Klimafluchtwellen. Wenn überhaupt, können wir die vorhergesagten Katastrophen maximal hinausschieben. Ansonsten bleiben uns nur Anpassungsmaßnahmen wie Deichbau und Katastrophenvorsorge. „Loss and Damage", so heißt das im Uno-Jargon, also Verlust und Zerstörung durch Umweltkatastrophen kosten Geld. Die armen und ärmsten Länder haben kein Geld, andere und noch größere Sorgen und schon gar kein Geld für Probleme, die sich möglicherweise erst „morgen" als tatsächlich lebensbedrohlich herausstellen. Sie möchten, dass die reichen Länder ihr Schärflein dazu beitragen. Ihre Argumentation liegt auf der Hand. Die Industrienationen sind für den größten Teil der vom Menschen verursachten Umweltschäden verantwortlich und sollten sie auch bezahlen. Eine Position, die nicht unbedingt nicht nachvollziehbar ist. Die armen Länder fordern deshalb eine eigene Institution, die derartige Unterstützungen organisiert. Die gerade zu Ende gegangene 19. Weltklimakonferenz in Warschau lässt allerdings keine großen Hoffnungen zu. Aber immerhin, 2016, auf der 22. Klimakonferenz soll der auf der Warschauer Konferenz vorgeschlagene, aber nicht verabschiedete „Warschauer Mechanismus" für die Vorgehensweise bei Schäden durch Umweltkatastrophen verhandelt werden. Und immerhin, 2015 soll in Paris ein Welt-Klimavertrag unterzeichnet werden, der Ziele für den CO2-Ausstoß festschreibt. Damit soll die globale Klimaerwärmung auf 2 Grad begrenzt werden. Das wurde jedenfalls beschlossen. Ich frage mich allerdings, wie die theoretischen Modelle des Klimageschehens eine so genaue Abhängigkeit zwischen den CO2-Ausstößen und der durchschnittlichen Erwärmung des Globus herstellen können, wie sie uns suggeriert wird. Ich denke, man könnte die Zusammenhänge auch uns Laien deutlich ehrlicher erläutern, ohne dass wir das Ganze gleich als groben Unfug abtun würden.

10 % der Landfläche unseres Planeten bestanden einmal aus Tropenwäldern[13]. Inzwischen, seit 1950, haben wir es fertiggebracht, den Bestand zu halbieren. Falls es so weiter geht, wird in zwei Jahrzenten die nächste Hälfte abgeholzt sein und in 100 Jahren wird es keine Tropenwälder mehr geben. Die Folgen wären wahrscheinlich verheerend. Nicht umsonst wird der Gürtel des Regenwaldes, der sich beiderseits des Äquators um die Erde zieht, ihre grüne Lunge genannt. Die tropischen Regenwälder sind nach den Meeresalgen der größte Sauerstoffproduzent. Der CO2-Gehalt unserer Atmosphäre würde sich um ein Viertel erhöhen, wenn der Regenwald komplett abgeholzt würde. Das sind jedenfalls die Schätzungen der Wissenschaftler. Die Wolkendecke über den feuchtwarmen Wäldern verhindert zudem, dass die intensive Sonnenein-

strahlung die Böden austrocknet. Es entsteht ein Kühlungseffekt, der das globale Klima der Erde wesentlich mitbestimmt. Und doch werden die Wälder abgeholzt. Niemand will es, jeder beklagt es – und doch passiert es. Der reiche Homo pecuniosus möchte das Holz unbedingt besitzen. Für seine Gartenmöbel, für seine Terrassendecks, für Papiertaschentücher. Immerhin gibt es inzwischen Bestrebungen, dem unkontrollierten Abholzen der Tropenwälder durch eine nachhaltige und kontrollierte Bewirtschaftung entgegenwirken. Wir vernichten allerdings nicht nur unsere wertvollen CO_2-Verwerter, wir produzieren auch ständig mehr CO_2. Auch dieses Verhalten ist nicht zuletzt unserer kollektiven Beschränktheit zu verdanken. Wie anders könnte es sein – es ist nur ein „kleines" Beispiel –, dass wir Krabben aus der Nordsee, nachdem sie vorher mit chemischen Keulen haltbar gemacht wurden, tonnenweise in LKW nach Marokko karren, dort pulen lassen, um sie dann zurückzukarren und in Discountern möglichst billig an den deutschen Mann und die deutsche Frau zu bringen. Wer von dieser Prozedur weiß und doch noch Discounterkrabben kauft, der müsste eigentlich bestraft werden. Um bekannten Argumenten vorzubeugen, keiner benötigt zum Leben in Marokko gepulte Krabben. Maximal die Frauen, die für kein Geld diesen Job machen. Denen könnte man wahrscheinlich auf intelligentere Weise helfen. Würden wir Mitmenschen fragen, was sie von diesem Prozedere halten, würden sie, darauf würde ich eine Wette eingehen, beinahe zu 100 % ihr Unverständnis und ihr Missfallen äußern. Und doch fahren LKW tonnenweise Krabben nach Marokko und wieder zurück und doch werden sie tonnenweise an den deutschen Mann und die deutsche Frau gebracht. Niemand will es, jeder beklagt es – und doch passiert es. Dummerweise ist es nicht das einzige Beispiel für das extrem „intelligente" Schwarmverhalten unserer Spezies. Es gibt Unzählige davon. Einige weitere Beispiele für dieses Phänomen möchte ich noch zum Besten geben und aus dem Buch von Schmitt-Salomon zitieren[17]: „Während in vergleichsweise wenigen Ländern dieses Planeten nicht wenige Menschen einen exorbitanten Luxus leben, sterben gleichzeitig Tag für Tag 30.000 Kinder an den Folgen von Unterernährung, fehlender Hygiene und mangelhafter medizinischer Versorgung. Während wir die Sektkorken knallen lassen, haben eine Milliarde Menschen nicht einmal Zugang zu sauberem Trinkwasser. Während wir ins Fitnesscenter gehen, um überschüssige Kalorien abzutrainieren, sind 700 Millionen Menschen vom Hungertod bedroht. Die Menschheit war nie reicher und zugleich ärmer als heute. Obwohl die stetig nachwachsenden Ressourcen der Natur und die enorm gestiegene Produktivität jedem Individuum dieses Planeten ein hinreichend sorgenfreies Leben ermöglichen könnten". Auch hier gilt: Niemand will es, jeder beklagt es – und doch passiert es.

Was die Verschmutzung unserer Ozeane angeht, hat sich Homo ingeniosus einen besonderen Geniestreich erlaubt. Er hat Plastik erfunden. Das ist ohne Weiteres noch nicht das Problem. Er soll es aber inzwischen als Nahrungszusatz verwenden und das ist zumindest bedenklich. Im Prinzip wird es für alles eingesetzt. Besonders beliebt sind Plastikflaschen. Diese überleben, wenn sie nicht ordnungsgemäß entsorgt werden – und davon kann man weltweit nicht unbedingt ausgehen –, ihren Inhalt um Jahrhunderte. Die Folgen sind fatal[5]: Von den weltweit pro Jahr hergestellten 200 Millionen Tonnen landen geschätzt 6 bis 26 Tonnen letztendlich in den Ozeanen. Sie treiben dann entlang der Meeresströmungen rund um die Welt und sammeln sich in Plastiksenken. Niemand will es, jeder beklagt es – und doch passiert es. Besonders beliebt gemacht hat sich Polyethylen. Aus diesem „feinen" Stoff lösen sich zunächst die Weichmacher, den Rest besorgen dann UV-Strahlung, Salz und Mechanik. Es entsteht Mikroplastik, winzige Plastikteilchen, die letztendlich auf den Boden der Ozeane sinken. Diese Teilchen können so klein sein, dass sie von Kleinstlebewesen als Nahrung aufgenommen werden. Es ist beispielsweise nachgewiesen, dass Plankton Mikroplastikteile aufnimmt und gewissermaßen im Organismus einbaut. Wissenschaftler gehen davon aus, dass sich Mikroplastik entlang der Nahrungskette anreichert und auch irgendwann die Spitze der Nahrungskette, uns also, die Krone aller Schöpfungen erreicht. Ob es uns schaden wird, weiß natürlich zurzeit noch niemand. Dass es nicht gesundheitsfördernd ist, das prognostiziere ich schon mal. Es ist im Übrigen nachgewiesen, dass zahlreiche Meeresbewohner mit Plastik belastet sind[5]. Meeressäuger verschlucken den Plastikmüll kiloweise, sodass sie daran verenden, Meeresvögel füttern ihre Brut mit Plastikteilchen und gefährden nachweislich ihre Population. Das könnte Homo sublatus, dem überheblichen Menschen natürlich nicht passieren, dass er seine Kinder mit Plastik füttert. Und doch tut er es, wie wir gesehen haben. Niemand will es, jeder beklagt es – und doch passiert es. Homo sapiens lässt grüßen. Ich würde gerne wissen, wie viel Plastik in einem mittleren Supermarkt pro Jahr und Tag über die Ladentheke geht. Gedankenlos und Schnäppchen jagend füllt Homo sapiens tagtäglich seine Einkaufskörbe. Um bekannten Argumenten vorzubeugen, keiner benötigt unnötige Plastikverpackungen in Plastikverpackungen in Plastikverpackungen. Maximal die Plastikverpackungshersteller und die Plastikverpackungsentsorger. Inzwischen, so hört man, will die EU die Nutzung von Plastiktüten eindämmen. Den Mitgliedstaaten wird erlaubt, Plastiktüten zu verbieten. Es ist zwar kaum zu glauben, aber bis dato war es den EU-Saaten offenbar nicht erlaubt, Plastiktüten zu verbieten. Warum auch immer. Ich denke, auch das ist ein Zeugnis einer ziemlich ausgeprägten kollektiven Dummheit. Aber immerhin, es tut sich wenigstens etwas. Im Durchschnitt sind pro Jahr und Einwohner knapp 200 Plastiktüten im Umlauf. EU-weit sind das 100 Milliarden. 100 Milliarden Plastiktüten nur in Europa! So viele Plastiktüten wie Sterne in der Milchstraße. Ich denke, das sind EU-weit genau 100 Milliarden zu viel. Wie der gutgläubige Verbraucher inzwischen erfahren durfte, sind Kosmetika und Zahncremes und wer wollte es nicht vermuten, unzählige weitere Produkte mit extrem winzigen Plastikteilchen durchsetzt. Aus welchen Gründen auch immer. Man kann sich die Mühe sparen, sie entdecken zu wollen. Es handelt sich nämlich um Nanoplastik, die 1000 %-ige Steigerung von Mikroplastik. Inzwischen findet man die Plastikteilchen nachweislich in Honig, in Milch und im Regenwasser und ich denke, höchstwahrscheinlich überall da, wo man danach sucht. Ich wiederhole mich: Niemand will es, jeder beklagt es – und doch passiert es und Homo sapiens, oder besser Homo stupidus, der dumme, törichte Mensch lässt grüßen.

Unsere Luft ist der dritte Bereich, den die fortschreitende Industrialisierung extrem in Mitleidenschaft gezogen hat. Wir verschmutzen die Luft, die wir zum Atmen brauchen mit Rauch und Ruß und Staub, mit Gasen und Dämpfen. In den meisten Industrieländern ist die lokale Luftverschmutzung infolge der in Gang gesetzten Maßnahmen in den letzten Jahrzehnten zwar zurückgegangen. In den Ländern der Dritten Welt aber, auch in Russland, in China, in Indien und anderen Schwellenländern ist die Luftverschmutzung ein riesiges Problem. An Menschen mit Atemschutzmasken, umgeben von Schwaden beinahe undurchdringlichen Industriesmogs, beispielsweise in den Millionenmetropolen Chinas, haben wir uns fast schon gewöhnt. Gleichwohl führen uns diese Bilder den Ernst der Lage vor Augen. Neueste Untersuchungen sehen sogar einen Zusammenhang zwischen „schlechten" menschlichen Spermien und mit Industriesmog verseuchter Atmosphäre. Es ist richtig, die Atmosphäre nur lokal zu schützen, reicht nicht aus. Sie hat die Angewohnheit, ihre Bestandteile über den Globus zu verteilen. Der Schutz unserer Atmosphäre ist eine globale Aufgabe. Und mit globalen Aufgaben tut sich der schwarmdumme Homo sapiens extrem schwer.

Ich gehe das Kapitel abschließend noch auf drei weitere Beispiele ein, die die kollektive Dummheit des Menschen auf eindrucksvolle Weise belegen. So erzeugt er seit gut 60 Jahren Strom in Atomkraftwerken. Das an sich ist eigentlich ein Zeugnis seiner ausgesprochen hohen Entwicklungsstufe und technischen Intelligenz. In Anbetracht der Risiken aber, die der Betrieb von Kernkraftwerken birgt, ist es tatsächlich ein Beleg für seine Schwarmdummheit. Aber das ist nur der erste Teil der Geschichte. In Wirklichkeit ist es noch viel schlimmer. Bis heute haben wir es nämlich immer noch nicht fertiggebracht, für eine halbwegs sichere Entsorgung des anfallenden Atommülls[3] zu sorgen. In Tausenden von Jahren wird dieser immer noch strahlen. Was dann mit den möglicherweise aus heutiger Sicht noch sicheren Lagerstätten ist, wenn die denn endlich gefunden würden, ist kaum vorhersagbar. Und an Dummheit kaum noch zu überbieten: Trotz Tschernobyl und trotz Fukushima wird weiterhin Atomstrom produziert und es treten tatsächlich immer noch Leute auf, die behaupten, der Betrieb der Atommeiler sei sicher. Sie kennen wahrscheinlich nicht Edward A. Murphys Gesetz: Alles, was schiefgehen kann, wird auch schief gehen.

Das zweite eindrucksvolle Beispiel sind die in den letzten zwei bis drei Jahrzehnten produzierten Müllberge aus Elektronikschrott[27]. In 2005 wurden alleine in Deutschland 1,1 Millionen Tonnen davon angehäuft. Immerhin, es gibt inzwischen Gesetze, die das weitere Wachstum der Müllberge eindämmen und insbesondere das Recycling der in den Computern und Handys verarbeiteten wertvollen Rohstoffe ermöglichen sollen. Andererseits hat Homo sapiens virtualis einen offenbar unstillbaren Hunger nach elektronischem Gerät, nach Computern, Laptops, Tablet-PCs, eBooks, Smartphones und Navis. Die Produktzyklen werden zunehmend kürzer und die Gier der Konsumenten nach dem neuesten Gerät zunehmend größer, sodass die Recycler und Entsorger kaum noch nachkommen. Jeder hat wahrscheinlich schon einmal die Bilder gesehen von außer Kontrolle geratenen Homines virtuales, wenn diese die Ladentische stürmen, um das neueste iPhone zu ergattern. Dieses Verhalten kann nur mit der Blockade bestimmter Hirnareale erklärt werden. Ja, und was dann übrig bleibt von den iPhones und iPads, das ist kein einfacher Schrott. Er hat es nämlich in sich, der Elektronikschrott: Er besteht einerseits aus wertvollen Materialien, die als sekundäre Rohstoffe zurückgewonnen werden können. Andererseits enthält er eine Vielzahl von Schwermetallen, darunter Blei, Arsen, Cadmium und Quecksilber, Halogenverbindungen, Dioxine und nicht wenige weitere hochgiftige und umweltgefährdende Stoffe. Industrieländer, darunter die USA, Länder Europas und Australien, exportieren ihren Elektronikschrott gerne in Schwellen- und Entwicklungsländer. Es wird geschätzt, dass 50 bis

80 % des Schrotts der Industrieländer außer Landes gehen. In den Zielländern, bevorzugt den ärmsten dieser Welt, werden dem Elektronikschrott oft mit primitivsten Mitteln und unter extremer Belastung der Umwelt die wertvollen Stoffe entnommen. Nicht selten werden für diese Arbeit Kinder eingesetzt. Aber immerhin. Die Baseler Konvention von 1989 verpflichtet die Unterzeichnerländer, ihren angefallenen Schrott zumindest zu einem Teil im eigenen Land zu recyceln. Deutschland ist seit 1995 dabei, die Amis leider nicht. Und gerade die gehören zu den 80 %-Auswärtsrecyclern. Sie waren halt noch nie besonders zimperlich unsere Freunde.

Das dritte Beispiel, das uns zumindest Defizite an kollektiver Intelligenz bescheinigt, ist die Förderung der letzten fossilen Energiereserven dieses Planeten mit einer Methode, die sich Fracking nennt [23,36], Fracking aus dem Englischen von fracturing für Aufbrechen. Damit sollen unkonventionell gelagerte Gasvorkommen gefördert werden. Unkonventionell gelagert heißen diese Gasvorkommen, weil das Gas in Gesteinshohlräumen eingeschlossen ist und nicht durch herkömmliche Bohrungen gefördert werden kann. Das Gestein muss zuerst „aufgebrochen" werden. Das geschieht dadurch, dass man Wasser über ein Bohrloch in den Untergrund presst. Der Wasserdruck erzeugt Risse und Kanäle in dem Gestein, durch die das Gas entweichen und gefördert werden kann. Diese Fördermethode ist zwar aufwendiger und damit teurer als konventionelle Methoden. Inzwischen wird und ist Fracking aufgrund der gestiegenen Rohstoffpreise aber wirtschaftlich interessant. Das Dumme ist, damit das Ganze funktioniert, werden dem Wasser Chemikalien beigemischt. Und die sind, wie kann es anders sein, giftig und umweltschädlich. Sie werden gemäß Murphys Gesetz irgendwann ins Grundwasser geraten. Und das mit Chemikalien aufgemischte Wasser muss im Rahmen des Frackingprozesses abgepumpt und entsorgt werden. Es geht um Millionen Liter Flüssigkeit. Laut Umweltbundesamt kann die „in Deutschland gängige Praxis der Entsorgung des Flowback – so heißt der abgepumpte Giftcocktail aus Frack-Vorgängen – durch Verpressung in geeignete durchlässige Schichten in den Untergrund ... mit Risiken für das Grundwasser und die Umwelt verbunden sein." Und weiter: „Die Entsorgung des Flowback aus Frack-Vorgängen mit Einsatz umwelttoxischer Chemikalien ... wegen fehlender Erkenntnisse über die damit verbundenen Risiken derzeit nicht verantwortbar ist." Das war ein Beschluss des Deutschen Bundesrates vom 1. Februar 2013. Aber nicht nur die Frackingflüssigkeit ist gefährlich. Vorzugsweise Methan kann aus dem aufgebrochenen Gestein unkontrolliert entweichen und in das

Grundwasser gelangen. Es kann nicht nur entweichen, es entweicht nach Murphys Law auch. In den USA führte Leitungswasser schon so viel Methan mit sich, dass es angezündet werden konnte. Feuer aus dem Wasserhahn. Vor nicht allzu langer Zeit hätte man den Teufel dahinter vermutet, falls es schon Wasserhähne gegeben hätte. Dennoch, die Amis betreiben Fracking im großen Stiel. Sie wollen im Zeitalter der zunehmenden Knappheit die größten Energielieferanten der Welt werden. Sie waren noch nie zimperlich unsere Freunde. Deutschland, so hört man, legt diese Methode erst einmal auf Eis. Angesichts all dessen frage ich, ob die Menschheit nicht doch schon von allen guten Geistern verlassen ist.

Zusammenfassung, Schlussfolgerungen und Einschätzungen:

Die Biosphäre unserer Erde ist ein extrem sensibles System, das zu kontrollieren wir nicht in der Lage sind. Wir müssen aber feststellen, dass wir dieses System empfindlich stören können. Wir sind in der Lage, unseren Lebensraum zu zerstören, zumindest aber zu beeinträchtigen und möglicherweise lebensunwert zu machen.

Der Schutz unseres Lebensraumes sollte ein vordringliches Ziel unserer Art sein. Dummerweise verlangen die Maßnahmen zur Erreichung dieses Zieles gegenwärtiges Handeln, das auf die Zukunft des Planeten ausgerichtet ist. Und das fällt Homo sapiens augenscheinlich schwer.

Der Mensch ist an der vorläufigen Spitze der Evolution angekommen und auf diesem Globus unbestritten das Lebewesen mit der höchsten Einzelintelligenz. Dass er sich insgesamt ausgesprochen dumm verhält, ist allerdings genau so augenscheinlich. Wie sonst könnte es sein, dass er so vehement für seinen eigenen Untergang sorgt.

Er beutet die in Jahrmillionen entstandenen natürlichen Energieressourcen aus ohne jede Rücksicht und ohne jede Vorsorge für seine Nachkommen.

Er treibt Unmengen vergifteten Wassers in die Erde, um sie aufzubrechen und ihr die letzten Energiereserven zu entziehen, ohne sich über die Folgen im Klaren zu sein.

Er erzeugt Atommüll, der noch Tausende von Jahren tödliche Strahlen emittiert, ohne zu wissen, wohin damit.

Er erzeugt Plastikmüll und Elektronikschrott und verschmutzt und vergiftet damit seinen Lebensraum.

Er holzt die Tropenwälder ab und nimmt sich damit die Luft zum Atmen. Gleichzeitig heizt er die Atmosphäre auf, die auch ohne diesen menschlichen Katalysator schon genug Probleme macht.

Letztendlich wird er die Klimaveränderung nicht aufhalten können. Er wird sie mit ziemlicher Sicherheit beschleunigen.

Obgleich nachgewiesen ist, dass sich die Erde schneller erwärmt, als es durch natürliche Parameter erklärbar wäre und es eigentlich inzwischen alle wissen sollten, wird zunehmend mehr CO_2 in die Atmosphäre geblasen.

Wälder, speziell die Tropenwälder, sind eine Voraussetzung für ein lebenswertes Leben auf diesem Planeten. Ich glaube nicht, dass die eingeleiteten Maßnahmen, die der unkontrollierten Vernichtung der Tropenwälder entgegenwirken sollen, Erfolg haben werden. Das ist zwar keine gute Prognose, auch nicht belegt, aber ich denke, die Marktmechanismen werden die Oberhand behalten und die Ausbeutung wird unaufhaltsam fortschreiten.

Der Mensch ist dabei, sich sein eigenes Grab zu schaufeln. Eine der Ursachen ist das Gefälle zwischen den reichen und den armen und ärmsten Ländern. Menschen, die Hunger und Durst leiden, denken nachvollziehbar kurzfristig. Und die Gierigen, die genug haben, aber niemals genug kriegen, tun es dummerweise auch. Insgesamt sind die Aussichten denkbar schlecht.

Die meisten in größter Armut lebenden Menschen wohnen in ländlichen Gebieten. Sie haben nicht genug Anbaufläche, um sich und ihre Kinder zu ernähren. Kleinbäuerliche Landwirtschaft könnte ihnen wahrscheinlich helfen. Das Gegenteil passiert. Das wenige Land, das sie haben, wird ihnen von den Landgrabbschern auch noch gestohlen.

Eine nachhaltige Lösung der Probleme ist insgesamt nicht in Sicht. Die stärkere Nutzung von Sonne- und Windenergie, Investitionen in die Landwirtschaft in den armen und nicht zuletzt auch die Umstellung des Konsumverhaltens in den reichen Ländern wären notwendige Schritte. Das wird schwer werden. Homo sapiens wird sich nicht sehr einsichtig erweisen, so meine Prognose.

Auch im Kontext des Energiewandels entwickelt sich das Sankt-Florian-Prinzip zum obersten Prinzip. Das gilt, jedenfalls in unserem Land, im Zusammenhang mit der Trassenführung für den Stromtransport von Nord nach Süd ebenso, wie beim Bau von Energiespeichern im Süden unseres Landes.

Wir werden den Klimawandel nicht aufhalten können. Wir werden uns maximal noch eine Zeit lang gegen seine Auswirkungen schützen können. Dabei haben die reichen Länder die besseren Karten. Die armen und ärmsten Länder wird es wahrscheinlich am härtesten und hart treffen.

Quellen: 3, 5, 13, 18, 23, 27, 31, 33, 36, 37

Die Tierwelt

Im vorliegenden Kapitel beschäftigen wir uns mit unseren tierischen Mitkreaturen ausschließlich unter dem Aspekt unseres Verhältnisses zueinander. Wir gehen also der Frage nach, wie es steht um die Beziehung zwischen uns Menschen und unseren tierischen Mitbewohnern. Und vor allem der Frage, welche Schlüsse wir, die wir an der vorläufigen Spitze der Evolution angekommen sind, daraus ziehen sollten.

Aus biologischer Sicht sind sämtliche Organismen, die auf der Erde leben, miteinander verwandt, in dem Sinne verwandt, dass sie im Grundsatz aus denselben chemischen Bausteinen „gebaut" sind und die gleichen Lebens- und Replikationsmechanismen verwenden[8,12]. Das Tier unterscheidet sich deshalb nicht grundsätzlich, sondern nur graduell von uns Menschen. So weiß man inzwischen[17], „dass auch Bonobos, Schimpansen und Gorillas ein Ich-Bewusstsein besitzen, um ihre Toten trauern und ihre Zukunft antizipieren, dass Schweine sich im Spiegel erkennen und kognitive Leistungen vergleichbar mit denen von Primaten erbringen, Kühe über den Verlust ihrer Kälber weinen und in der Stallhaltung Depressionen entwickeln und Hühner über die Qualität des Futters miteinander kommunizieren und ihr Herz zu rasen beginnt, wenn sie erkennen, dass ihre Küken in Not sind. Zahlreiche Tiere empfinden Lust und Schmerz und Freud und Leid, Hoffnung und Verzweiflung in ähnlicher Weise wie wir Menschen". Diese Aussagen können nicht alle in der gebotenen Kürze belegt werden, nur mit einigen möchte ich mich deshalb etwas eingehender beschäftigen.

Niemand weiß, was genau in den Köpfen von Tieren vor sich geht. Doch, dass viele von ihnen – besonders Affen – denken und fühlen können, darin sind sich die Wissenschaftler einig. Die Evolutionsbiologen[8] unterscheiden denn auch nicht zwischen Mensch und Tier, sondern maximal zwischen dem Menschen und anderen Tieren. Tiere und Menschen verfügen beide über eine „Hardware", die sich prinzipiell nicht voneinander unterscheidet, über Sinnesorgane, Nervenzellen und Nervenleitungen und ein Gehirn, das die Sinneseindrücke verarbeitet, sortiert, bewertet und Entscheidungen trifft. Diese Mechanismen verlaufen bei Tier und Mensch völlig analog. Der Unterschied ist tatsächlich nicht prinzipiell, sondern nur graduell. So stimmt das Erbgut von Bonobos und Schimpansen zu 98,7 % mit dem des Menschen überein[13]. Wenn es um das Bewusstsein, allgemein die Gefühlswelt und das geistige Vermögen geht, fällt die Akzeptanz der abgestuften biologischen Evolution meistens nicht so leicht[8], jedenfalls den Mitmenschen nicht, die immer noch an die Sonderrolle des nach dem Ebenbild Gottes geschaffenen Menschen glauben. Aber auch der Geist fiel nicht vom Himmel[6]. Emotionales Erleben und geistiges Vermögen haben wie der Körperbau eine evolutionäre Entwicklung durchlaufen. Das steht fest. Wie anders könnten die Pharmazeuten zum Beispiel Psychopharmaka mit Wirkung auf das menschliche Gehirn an Affen testen?[8] Analog zum Körperbau gibt es nur graduelle Unterschiede. Und sämtliche geistigen Verrenkungen, die dazu dienen, diese inzwischen wissenschaftlich untermauerte Tatsache zu leugnen und mit allerlei Legenden zu umgehen und komplizierter zu machen, als notwendig, die sollten eigentlich der Vergangenheit angehören. Es ist uns Menschen allerdings nicht unmittelbar zugänglich, was ein Tier empfindet oder gar „denkt". Aber es ist mit Sicherheit äußerst plausibel anzunehmen[8], dass mit zunehmendem genetischen Verwandtschaftsgrad vergleichbare Strukturen im Gehirn des Tieres auch vergleichbares Empfinden ermöglichen. Und natürlich umgekehrt. Mit abnehmendem Verwandtschaftsgrad korreliert eine geringere Denkleistung und Fähigkeit zum bewussten Wahrnehmen der Umwelt.

Jedem, der die eindrucksvollen Bilder von den in einem Versuchslabor gehaltenen Schimpansen[8] gesehen hat, als sie von ihrem Martyrium befreit und in die Freiheit entlassen wurden, muss es klar geworden sein, dass auch Affen fühlen, weinen und sich freuen können. Die Schimpansen waren zum Teil in den Versuchslaboren zur Welt gekommen und hatten noch nie die Sonne gesehen. "Sie haben sich umarmt, sie haben gelacht. Man stelle sich vor, man ist 30 Jahre in einem Aufzug eingesperrt, und dann öffnet sich plötzlich die Tür. Man ist mit Freunden zusammen und sagt: Ich kann's nicht fassen! Sie haben bisher nur Menschen in Schutzkleidung gesehen, die so aussehen wie Raumanzüge. Sie hatten keinerlei Kontakt, sie haben nie klettern gelernt. Sie sind ja als Babys ins Versuchslabor verschleppt worden." Das waren die Worte dazu von Michael Aufhauser, dem Gründer des Safari-Parks.

Der sogenannte Spiegeltest[14] ist ein Experiment, dass mit Tieren durchgeführt wird, um herauszufinden, ob sie ein Ich-Bewusstsein besitzen. Bei dem Test wird in der Regel eine Farbmarkierung auf der Stirn des Tieres angebracht, dann ein Spiegel in sein Sichtfeld gehalten und die Reaktion beobachtet. Wenn das Tier beim Betrachten des eigenen Spiegelbildes eine Reaktion zeigt, die darauf schließen lässt, dass es den

Fleck auf der Stirn erkennt, wird dies als Hinweis auf das Vorhandensein eines Bewusstseins interpretiert. Eine solche Reaktion kann zum Beispiel darin bestehen, dass das Tier versucht, den Fleck zu entfernen. Es gilt als weitgehend akzeptiert, dass das „Bestehen" des Spiegeltests ein notwendiges Kriterium ist, um dem getesteten Tier ein Ich-Bewusstsein zu attestieren. Es ist allerdings umstritten, ob das Bestehen des Spiegeltests auch ein hinreichendes Kriterium dafür ist. Das Nichtbestehen des Spiegeltests zeigt sich bei vielen Tieren dadurch, dass sie ihr Spiegelbild wie ein fremdes Individuum begrüßen. Abhängig von der Art zeigt sich dies durch Drohgebärden, Warnlaute oder auch einfach durch Ignorieren des Spiegelbildes. Auch bei Kleinkindern wurde der Spiegeltest durchgeführt. Kinder bestehen den Test in der Regel ab einem Lebensalter von ca. eineinhalb Jahren. Das Kind reagiert dann auf das Spiegelbild, während dieses vorher ignoriert wurde. Zumindest eine Voraussetzung zur Selbstwahrnehmung wurde in einem Test bei jungen Schweinen beobachtet. Sie waren nach einer kurzen Orientierungsphase relativ schnell in der Lage, einen Futtertrog gezielt aufzusuchen, dessen genaue Position sie nur anhand seines Spiegelbilds lokalisieren konnten. Ob dieses durchaus bemerkenswerte Verhalten schon als Selbstwahrnehmung interpretiert werden kann, sei dahin gestellt. Tatsache ist wohl, dass das „dumme Schwein" weniger dumm ist, als es manch einer erwartet hat. Und jeder, der schon einmal gehört hat, dass ein Schwein wie vor Todesangst schreit, wenn es zum Schlachter geführt wird, der dürfte eigentlich nicht wollen, dass alleine in Deutschland Jahr für Jahr 20 Millionen männlicher Ferkel im Alter von wenigen Tagen kastriert werden und das ohne Betäubung[4]. Bei vollem Bewusstsein – die männlichen Leser ahnen möglicherweise, was das heißt – werden den ein paar Tage alten männlichen Schweinen die Hoden herausgeschnitten. Der einzige Grund dafür ist der Mensch. Es lässt sich an dieser Stelle sicher wieder gut anbringen: Niemand will es, jeder beklagt es – und doch passiert es. Das Fleisch geschlechtsreifer Eber hat für manche Verbraucher nämlich einen abstoßenden Geruch. Um zu verhindern, dass das auf den Tisch kommt, wird kastriert. Auf Teufel komm raus. Aber immerhin: Ab 2019 ist in Deutschland die Kastration von Schweinen ohne Betäubung verboten. Nur gut 100 Millionen müssen also noch dran glauben. Die Branche ringt derweil um neue Wege. Die Betäubung ist zu teuer, von Medikamenten, die die Sexualhormone und damit den Ebergeruch möglicherweise unterdrücken könnten, befürchtet man Auswirkungen auf die Libido – und den Geruch? – der männlichen Schweinefleischesser. Inzwischen gibt es Betriebe, die Ebermast betreiben. Das rentiert sich sogar, weil das Fleisch besser ist und mehr Geld einbringt, fünf Euro mehr pro

Tier, wird behauptet. Die geruchsauffälligen Tiere werden unter Zuhilfenahme der menschlichen Nase aussortiert, weil es ein objektives maschinelles Riechverfahren noch nicht gibt. Etwa zwei bis vier Prozent der geschlachteten unkastrierten Eber werden wegen des unangenehmen Geruchs aussortiert. Der richtige Weg auf der Suche nach Alternativen zur Kastration ohne Betäubung ist noch nicht in Sicht, solange es keine elektronische Nase gibt. Zu groß ist die Furcht der Erzeuger, auffällig riechendes Schweinefleisch könnte auf den Tellern landen und den Verbrauchern den Appetit auf ihr Schnitzel dann endgültig verderben. Wenn er ihnen nicht schon verdorben ist, nachdem sie von dieser Schweinerei gehört und gelesen haben. Für den Verbraucher, der absolut kein Schweinefleisch essen will, das von männlichen Ferkeln stammt, die im Alter von wenigen Tagen ohne Betäubung kastriert wurden, gibt es trivialerweise eine Alternative: kein Schweinefleisch. Leider gibt es nämlich noch kein „Unter-Betäubung-kastriert-Siegel". Aber immerhin, ab 2019 soll ja das Kastrieren ohne Betäubung verboten sein. Es ist nur zu hoffen, dass es auch verboten ist, Fleisch von Ebern, die ohne Betäubung kastriert wurden, von wo auch immer, einzuführen.

Ich komme noch einmal auf den Spiegeltest zurück. Die großen Menschenaffen, Schimpansen, Bonobos, auch Orang-Utans bestehen den Spiegeltest regelmäßig. Der Korrektheit wegen: Gorillas bestehen ihn im Allgemeinen nicht. Es wird vermutet, dass das normale Gorillaverhalten den Augenkontakt vermeidet und sie deshalb das Spiegelbild nicht erkennen. Aber auch Zahnwale und Delfine, partiell auch Elefanten und Elstern bestehen den Test. Hühner allerdings nicht. Dennoch zeigen Hühner ein durchaus intelligentes und soziales Verhalten[19]. Lange Zeit bestand offensichtlich kein großes Interesse, sich mit der Psyche der Hühner wissenschaftlich ernsthaft auseinanderzusetzen. Schließt man sich der landläufigen Meinung an, dann sind unsere Eierlieferanten ziemlich dumm. Wie sonst könnten ungeschickt agierende Individuen unserer Art schon einmal als dumme Hühner bezeichnet werden. Wie es tatsächlich um ihre Intelligenz, um ihre kognitiven Fähigkeiten und Empfindungen bestellt ist, hat man inzwischen herausgefunden. Hühner zeigen nämlich „Gefühle" und sind wahrscheinlich mindestens so intelligent wie Hunde und Katzen. Sie schließen Freundschaften, erkennen einander, „lieben" ihre Kinder und zeigen ausgeprägte, für uns Menschen sichtbare, Charaktereigenschaften. So sind manche Hühner besonders vorwitzig, andere eher zurückhaltend und schüchtern, mutig und draufgängerisch und auch aggressiv. Es gibt Einzelgänger und gesellige Hühnerindividuen. In Tests fand der australische Verhaltensforscher

Chris Evans heraus, dass sie bis zu zwanzig verschiedene Töne für die Beschreibung des Futters verwenden. Diese Fähigkeit wurde bis dato ausschließlich bei den Primaten beobachtet. Nicht weniger unerwartet ausgeprägt ist ihr Sozialverhalten. Joy Mench von der University of California hat herausgefunden, dass Hühner mehr als hundert andere Hühner erkennen und sich sogar an sie erinnern können. Dabei helfen weitere Verständigungslaute, ihre Artgenossen voneinander zu unterscheiden. Es gibt dauerhafte und tiefe Freundschaftsbeziehungen zwischen den Tieren. Einige Bindungen sind so eng, dass beim Tod eines Tieres das Verbleibende augenscheinlich trauert. Hühner kümmern sich sehr intensiv um ihren Nachwuchs. Die britische Biologin Joanne Edgar attestierte Hühnern sogar die Fähigkeit, echtes Mitgefühl zu entwickeln. Deutlich machte sie das durch ein Experiment, bei dem sie eine Henne und eines ihrer Küken durch eine Plexiglasscheibe trennte. Dann „ärgerte" sie entweder die Henne oder das Küken mit harmlosen Luftstößen. Selbst ohne dass das Küken Stresssymptome zeigte, geriet die Henne in Aufregung, wenn ihr Küken auf diese Weise „geärgert" wurde. Ihre Reaktion wird als eindeutiger Beweis dafür gewertet, dass sie mit ihrem Küken mitfühlte. Ich kürze die Geschichte ab. Bei der geschilderten Sachlage sollte es jedem klar sein, dass Hühnerhaltung mit einem Platzangebot von wenigen Quadratzentimetern pro Henne eindeutig Tierquälerei ist. In Deutschland ist Käfighaltung seit einigen Jahren verboten. Die „unterste" Haltungsart nennt man nun Kleingruppenhaltung. Das ist wie so oft eine Bezeichnung, die Besseres erwarten lässt als das, was dahinter steckt. Tatsächlich ist es nämlich Käfighaltung mit 40 bis 60 Tieren und einem Platzangebot von bis zu 30 mal 30 cm pro Tier. Das ist DIN-A4-Niveau. Nicht viel mehr als ein DIN-A4-Blatt für eine Henne. Aber immerhin, dafür sind die Eier ein paar Cent billiger. Homo oeconomicus lässt grüßen.

Auf eine irrwitzige Errungenschaft des Homo sapiens möchte ich noch eingehen. Auf die Erfindung nämlich, Gänse bzw. Enten zwangsweise so mit Nahrung vollzustopfen, dass sie krank werden und an der Verfettung ihrer Lebern leiden[14,30]. Die Entenfettleber ist nämlich eine von Homo sapiens heiß begehrte Delikatesse. Die damit einhergehende Perversität übertrifft beinahe noch die der millionenfachen Jungeberkastration. Man muss es sich nur vorstellen. Nach dem Schlüpfen werden die Tiere nach Geschlecht sortiert. Die männlichen Lebern sind nicht so venös wie die der weiblichen Tiere. Deshalb werden die Weibchen samt ihrer Lebern ausrangiert. Dafür gibt es unterschiedliche Optionen. Sie können lebend zermahlen, in Plastiktüten erstickt oder vergast werden.

Noch Schlimmeres allerdings erwartet ihre männlichen Artgenossen. Zunächst sieht es nicht einmal so schlecht aus für die Tiere mit den für Homo sapiens geeigneteren Lebern. Sie werden bis zu ihrem Erwachsenwerden etwa drei Monate in offenen Gehegen gehalten. Dann aber wird es ernst. Dann kommen sie nämlich in Käfige, in so kleine Käfige, dass sie sich weder drehen noch aufstehen, geschweige denn mit den Flügeln schlagen können. Nur ihr Kopf schaut heraus, damit die Zwangsernährer an sie herankommen. Dann werden sie im Schnitt 12 Tage lang mit unnatürlich großen Nahrungsmengen, bestehend aus 95 % Mais und 5 % Schweineschmalz, so vollgestopft, dass ihre Leber bis auf das drei- bis sechsfache angeschwollen ist. Dann werden sie, bevor sie ob dieser Prozedur von selbst sterben würden, geschlachtet und ihre Lebern den Gourmets dieser Welt zugeführt. Das Vollstopfen mit Nahrung erfolgt übrigens im Sinne des Wortes. Mehrmals am Tag wird den Tieren der Futterbrei mithilfe eines Rohres in den Rachen gestopft. Sie werden mit Brei quasi vollgestopft. Bei dieser Prozedur und an ihren Folgen, Verletzungen, Entzündungen, Verdauungsstörungen, sterben pro Jahr etwa eine Million Tiere. Foie gras für Stopfleber bzw. Fettleber, so heißt diese kulinarische Spezialität bei den Franzosen. Die Franzosen sind es auch, die ca. 80 % der Weltproduktion produzieren. In Frankreich selbst werden ca. 17.000 Tonnen Foie gras pro Jahr verkauft. In zahlreichen Ländern wird diese Mastform inzwischen als Tierquälerei eingestuft und ist verboten. So auch seit 2005 in Deutschland. Allerdings sind Import und Verkauf EU-weit weiterhin erlaubt. Ein wirklich durchgreifendes Gesetz! Gleichzeitig, also 2005, wurde die Stopfleber vom französischen Homo sapiens zum nationalen und gastronomischen Kulturerbe erklärt und ist damit vor französischen Tierschutzgesetzen für alle Zeiten geschützt.

Ich will es damit gut sein lassen. Es waren nur einige wenige Beispiele dafür, dass Tiere durchaus „menschliche" Züge besitzen. Und Beispiele dafür, dass wir sie nicht gerade in allen Fällen gut behandeln. Wir sollten deshalb aufhören, überheblich zu sein und unsere Mitkreaturen als solche respektieren und sie vor allem anständig behandeln, wobei anständig heißen soll, dass wir ihnen im weitesten Sinne keine Schmerzen zufügen. Ich denke, auch hier gilt wieder: Niemand will es, jeder beklagt es – und doch passiert es. Noch in 2004 wurden 120 Tonnen Foie gras von Deutschland importiert. Ich frage mich nur, wo diese unverbesserlichen gedankenlosen sogenannten Gourmets sitzen und ich wünsche mir die Gegenüberstellung eines gerade Foie gras genießenden Gourmets mit einem Tier, das gerade mit Futterbrei gestopft wird und wahrscheinlich Todesängste aussteht. Ich will nicht so weit gehen, diesen Gourmets zu wünschen, dass sie wenigsten einmal im Leben über 12 Tage lang über ein Rohr mit Foie gras so vollgestopft werden, dass ihnen beinahe die Leber platzt. Aber wenn ich es mitbekommen würde, dass es jemand täte, würde ich wahrscheinlich reflexartig zögern, helfend einzugreifen. Einzugreifen, um dem Gestopften zu helfen, um keine Missverständnisse aufkommen zu lassen.

Zusammenfassung, Schlussfolgerungen und Einschätzungen:

Sämtliche Lebewesen auf diesem Globus sind aus denselben Bausteinen „gebaut".

Mensch und Tier unterscheiden sich nicht prinzipiell, sondern nur graduell, körperlich und „geistig".

In Abhängigkeit vom Grad der Verwandtschaft ist davon auszugehen, dass Tiere Empfindungen haben, die zumindest vergleichbar sind mit denen des Menschen.

Abhängig von der Entwicklungsstufe verfügen sie über ein Ichbewustsein, das nicht unendlich weit von dem des Menschen entfernt ist. Sie hätten damit eigentlich das Anrecht auf ein Leben nach diesem Leben, wenn es denn eines gäbe.

Der Weg bis zu einer angemessenen Behandlung unserer tierischen Mitkreaturen ist offensichtlich noch weit.

Die Franzosen werden ihre Foie gras so schnell nicht aufgeben. Sie haben sie per Gesetz vor dem Tierschutz geschützt.

Die Europäer wollen ihre männlichen Schweine vor der Kastration ohne Betäubung bewahren. Das ist ein kleiner Fortschritt. Es ist nur zu hoffen, dass auch die Einfuhr und der Verkauf von Schweinefleisch verboten werden, das von männlichen Schweinen stammt, die irgendwo auf der Welt ohne Betäubung kastriert wurden.

Man darf durchaus skeptisch sein. Immerhin darf auch Foie gras rechtlich geschützt auf den deutschen und europäischen Gourmet-Tisch.

Es sind nur ein paar wenige, aber uns wenig gut zu Gesicht stehende Beispiele über den Umgang mit unseren Mitkreaturen. Ich denke, es ist weltweit gesehen tatsächlich nur die Spitze eines Eisberges. Zumal man beobachten kann, dass selbst mit der Kreatur an der vorläufigen Spitze der Evolution vielerorts nicht sonderlich zimperlich ungegangen wird.

Zur Klarstellung, ich bin weder Vegetarier noch Veganer. Ich trete nur dafür ein, dass unsere tierischen Mitkreaturen im weitesten Sinne nicht gequält werden. Ich denke, schon das wäre in Anlehnung an Neil

Armstrong ein kleiner Schritt des Menschen, aber ein riesiger Schritt für die Tierwelt oder besser umgekehrt, ein kleiner Schritt für unsere tierischen Mitbewohner und ein riesiger für die vorläufige Krone der Schöpfung.

Quellen: 4, 6, 8, 14, 17, 19, 30

Gott

Gott besitzt Eigenschaften, bei denen ich differenzieren möchte zwischen den nicht persönlichen, also den Eigenschaften eines unpersönlichen Gottes und den persönlichen Eigenschaften, quasi seinen „Charaktereigenschaften", die sein Verhältnis zu seinen nach seinem Ebenbilde erschaffenen Geschöpfen, uns Menschen also, widerspiegeln. Dabei beschränke ich mich auf die Gottesvorstellung der drei großen monotheistischen Religionen Judentum, Christentum und Islam, ohne im Einzelnen auf die bestehenden Unterschiede einzugehen. Zur ersten Kategorie der Gotteseigenschaften zählend ist Gott[34]

- omnipotent, das heißt allmächtig,
- omniszient, das heißt allwissend,
- omnipräsent, das heißt allgegenwärtig und
- transzendent, also nicht von dieser Welt.

Diese Eigenschaften werden wahrscheinlich die meisten Menschen als Eigenschaften eines göttlichen Wesens akzeptieren, jedenfalls beim ersten Hinsehen. Es sind die Eigenschaften, die man gewöhnlich einem Schöpfer und Lenker der Welt zuschreibt, wenn auch schon die beiden ersten, wenn man es genau nimmt, zum Widerspruch anregen. Die Allwissenheit Gottes ist nämlich eine logische Konsequenz seiner Allmacht. Gerhard Streminger, ein zeitgenössischer Philosoph und Mathematiker begründet das so: „Die Eigenschaft der Allwissenheit dürfte bereits im Begriff der Allmacht enthalten sein, denn ein Wesen, dem es an Wissen fehlt, fehlt es auch an Macht". Ein allmächtiges Wesen ist demnach also auch allwissend. Andererseits gibt es die Auffassung, dass Allwissenheit und Allmacht einander ausschließen. Richard Dawkins, ebenfalls ein Zeitgenosse, Evolutionsbiologe, führt aus, es sei „der Aufmerksamkeit der Logiker nicht entgangen, dass Allwissenheit und Allmacht unvereinbar sind. Wenn Gott allwissend ist, muss er bereits wissen, wie er mit seiner Allmacht eingreifen und den Lauf der Geschichte verändern wird. Das bedeutet aber, dass er es sich mit dem Eingriff nicht mehr anders überlegen kann, und demnach ist er nicht allmächtig." Ich denke, dass sich die Herren unnötigerweise Gedanken gemacht haben. Es ist meines Erachtens nämlich völlig irrelevant, ob nun die Allmacht die Allwissenheit impliziert oder es sich um widersprüchliche Eigenschaften handelt. Aus dem einfachen Grund, weil es vom Menschen gedachte, aus dieser Welt stammende, Begriffe sind.

Man kann völlig abstrakt und wahrscheinlich stundenlang trefflich über deren Bedeutung und über ihre Stellung zueinander diskutieren, ohne in der Sache auch nur einen Schritt weiterzukommen.

Nach diesem kurzen Ausflug in die Abstrusitäten der Omnipotenz und Omniszienz beschäftigen wir uns mit der Rolle Gottes als Schöpfer der Welt. Bereits in der griechischen Philosophie finden sich Bestrebungen, die Existenz Gottes bzw. der Götter zu beweisen. Am bekanntesten sind allerdings die Beweise des Thomas von Aquin. Thomas von Aquin war einer der bedeutendsten katholischen Kirchenlehrer, Philosoph und Theologe im 13. Jahrhundert. Seine bzw. die Gottesbeweise[35] dieser Zeit waren allerdings nie daraufhin angelegt, die Existenz Gottes streng mathematisch zu beweisen. Für die in dieser Zeit mehrheitlich gläubigen Menschen war die Existenz Gottes so und so keine Frage. Die sogenannten Beweise waren eher als eine Hilfe für Zweifler, insbesondere aber als rationale Unterstützung des Gottesglaubens im Zuge der aufkommenden Aufklärung gedacht. Thomas von Aquin nennt seine Gottesbeweise auch nicht Gottesbeweise, sondern Wege zu Gott, möglicherweise vorsichtshalber, weil er geahnt hatte, dass es keine Beweise sein konnten? Seine quinque viae ad deum, auf Deutsch, fünf Wege zu Gott, sind gleichermaßen aufgebaut[32]. Sie bestehen aus einer ersten Prämisse, die einen Sachverhalt beschreibt, der empirisch nachweisbar ist und einer zweiten Prämisse, die einer metaphysischen Annahme entspricht, die empirisch nicht nachweisbar, aber zumindest nicht unlogisch und für nicht allzu kritische Geister durchaus nachvollziehbar ist. Aus beiden Prämissen folgt dann jeweils der Schluss, dass Gott existiert. Einer der wohl bekanntesten Beweise des Thomas von Aquin ist der kosmologische, auch Kausalitätsbeweis – ex ratione causae efficientis. Er geht davon aus, dass alles, was in dieser Welt existiert, auf eine Ursache zurückzuführen ist. Das ist die erste Prämisse, die empirisch grundsätzlich nachweisbar ist. Die zweite Prämisse besteht in der Annahme, dass man die Reihe der Ursachen nicht unendlich weit fortsetzen kann – regressus in infinitum – und es deshalb eine erste Ursache – prima causa – geben müsse. Die erste, unverursachte Ursache – prima causa incausata – ist Gott. Ein Kritikpunkt an dieser Beweisführung ist der Abbruch der Kausalkette. Entweder hat jede Wirkung ihre Ursache oder nicht. Wenn aber Gott keine Ursache hat, dann lässt sich die Beweisführung im Sinne Ockhams mit der Feststellung abkürzen, dass das Universum keine Ursache hat. Oder, falls man davon ausgeht, dass Gott existiert, das Universum schon immer da ist. Das ist die Argumentation des Carl Sagan, eines US-amerikanischen Astronomen. Auf dessen Argumentation werde ich noch einmal zurückkommen. Bekannt ist auch der ontologische Beweis des Anselm von Canterbury (1033 bis 1109). Sein Beweis der Existenz Gottes aus dem Sein geht davon aus, dass der Mensch sich etwas ausdenken kann, was durch nichts übertroffen wird. Wenn es das höchste und vollkommenste Wesen ist, das er sich ausdenkt, dann gibt es etwas noch höheres und Vollkommeneres, nämlich, wenn dieses Wesen nicht nur als Möglichkeit gedacht wird, sondern wenn es wirklich existiert. Eine ziemlich abenteuerliche Konstruktion. Aus einem von der Spezies Mensch als affenähnlichem Bewohner des Planeten Erde Gedachten auf die Existenz des Gedachten zu schließen, das halte ich in der Tat für extrem einfältig. Möglicherweise passten diese geistigen Verrenkungen ja noch in die Zeit des Anselm von Canterbury. Heute sollte man sich damit eigentlich nicht mehr auseinandersetzen müssen. Maximal Studenten der Philosophie.

Die Beweislast für die Existenz eines Gottes liegt bei denen, die seine Existenz behaupten. Zumindest halte ich diese Position für legitim. Ich denke, die Annahme der Nichtexistenz Gottes ist zunächst die intellektuell redlichere Ausgangsposition. Es gibt schließlich keine erfahrbaren Hinweise auf die Existenz eines Gottes, bis auf die, die sich in unseren Gehirnen breitgemacht haben. In naturwissenschaftlichen, vornehmlich kosmologischen Abhandlungen, wird die Rolle Gottes häufig auf die des Schöpfers reduziert. Gott wird insbesondere nicht als ein persönlicher Gott gesehen. Ich spiele die Möglichkeiten durch. Es ist trivialerweise nicht zu erwarten, dass ich die Frage nach der Existenz eines Schöpfers erschöpfend beantworten kann. Immerhin haben sich schon zahlreiche und berühmte Denker mit dieser Frage beschäftigt und keine Antwort gefunden, zumindest, wie ich denke, keine überzeugende. Ich kann deshalb nur Denkanstöße geben, ausgehend von einer möglichst unvoreingenommenen Grundhaltung. Ich nähere mich der Frage nach der Existenz Gottes aus der kosmologischen Perspektive und schließe mich der mehrheitlich vorgetragenen wissenschaftlichen Sicht an, dass das Universum einen Anfang hatte. Es entstand quasi aus dem Nichts – ex nihilo[9] –, den Naturgesetzen folgend aus Quantenfluktuationen eines skalaren Energiefeldes. Zumindest ist das eine der Entstehungstheorien für unsere Welt. Wenn man annimmt, dass Gott die Naturgesetze erschaffen hat, die der Entstehung des Universums zugrunde liegen, kann man, den Gedankengang Carl Sagans aufgreifend, wieder die Frage nach der Herkunft bzw. der Ursache Gottes stellen. Da diese per definitionem nicht beantwortbar ist, lässt sich die Argumentationskette auch in diesem Falle abkürzen und feststellen, dass die Frage nach der Herkunft der Naturgesetze nicht beantwortbar ist. Oder, die Naturgesetze schon immer da waren bzw. sind. Ich halte fest. Es ist „denkbar", ich denke, dass die Naturgesetze schon immer existieren und wirksam sind – was auch immer „immer" heißt – und das Universum aus diesen entstanden ist. „Vor" dem Start des Universums gab es einen Zustand, der für uns ohne Zeit war: beispielsweise ein unendlicher, von Materie freier und kalter Raum, der der Stringtheorie folgend mit dem Dilatonfeld ausgefüllt war[24], das lokal zu einer Art Inflation führte oder ein Quantenvakuum, ein Zustand ohne Raum und Zeit, ein Raumzeit-Schaum, aus dem unser Universum und gegebenenfalls viele weitere durch einen Quantentunneleffekt quasi aus dem Nichts entstanden sind. Oder die Naturgesetze sind mit dem Universum entstanden. Nach Stephen Hawking ist das Universum ein in zeitlicher und räumlicher Hinsicht in sich abgeschlossenes System. Die Zeit ist mit dem Universum entstanden. Es gibt weder eine räumliche noch eine zeitliche Begrenzung. Es macht deshalb keinen Sinn, nach einer Zeit vor dem Anfang des Universum zu fragen. Nach Hawking kann es deshalb auch keinen Schöpfer geben, der „in der Zeit" das Universum hätte erschaffen können. Da man sich über die genauen Abläufe in der Frühzeit des Universums noch nicht im Klaren ist, gehe ich bis zum Nachweis des Gegenteils – dieser wird höchstwahrscheinlich, wenn überhaupt jemals, erst nach meiner Zeit möglich sein – davon aus, dass die Naturgesetzte schon immer existent sind. Es ist aus meiner Sicht die einfachste und schnörkelloseste Erklärung. Wissenschaftlich ist diese meine Annahme natürlich und leider nicht begründet. Wie denn auch möchte ich hinzufügen. Etwas genauer nehme ich an, dass die Naturgesetze, auf denen letztlich alles basiert, was wir um uns herum wahrnehmen, schon immer existent sind und immer existent sein werden. Sie sind in dem Sinne vergangenheitsewig, dass es keinen vergangenen Zeitpunkt gibt, vor dem sie nicht wirksam waren und in dem Sinne zukunftsewig, dass es keinen zukünftigen Zeitpunkt geben wird, nach dem sie nicht mehr wirksam sind. Bei der Annahme vergangenheitsewiger Naturgesetze ist die Frage nach ihrem Schöpfer obsolet. Im Grundsatz ist es dann unerheblich, ob wir die Naturgesetzte Naturprinzip, Schöpfer, Gott oder sonst wie nennen.

Ein Problem stellt sich aber spätestens dann ein, wenn man die weitere Entwicklung des Universums, nachdem es einmal „gezündet" war, unumstößlichen Naturgesetzen zuschreibt. Dann gibt es für eine göttliche Macht keinen Entscheidungsspielraum mehr. Das heißt dann aber auch, dass es keinen allmächtigen Gott geben kann. Allmächtig sollte Gott aber schon sein. Aus diesem Dilemma kommt man meines Erachtens ohne geistige Klimmzüge und Verrenkungen nicht heraus. Man könnte zum Beispiel annehmen, dass Gott weiß, was seine Naturgesetze in Zukunft anrichten werden, er also allwissend ist, er andererseits seine Allmacht aber nicht ausspielen will. Das aber sind Legenden und zusätzliche Hypothesen und gehören unter Ockhams Rasiermesser. Wenn ich das bisher Gesagte zusammenfasse, dann sieht es aus meiner Sicht ziemlich schlecht aus für die Annahme der Existenz eines allmächtigen und allwissenden Schöpfergottes.

Ich komme deshalb zu den Eigenschaften des persönlichen Gottes, zu seinen „Charaktereigenschaften". Nach unserer, nach der Menschen Vorstellung ist Gott unter anderem
- gerecht,
- barmherzig,
- gütig,
- gnädig,
- zuverlässig,
- vertrauenswürdig,
- heilig und
- wahrhaftig.

Ich darf vorausschicken, dass gottesgläubige Menschen, die diese Eigenschaften von ihrem Gott erwarten, nicht ohne die erste Kategorie der Eigenschaften auskommen. Ein gerechter, barmherziger, gütiger, gnädiger, zuverlässiger, vertrauenswürdiger, heiliger und wahrhaftiger Gott ist nicht des Glaubens würdig, also nicht glaubwürdig, wenn er nicht mindestens auch allmächtig und allwissend und Schöpfer und Lenker dieser Welt ist.

Die oben genannten Eigenschaften sind wahrhaft die Eigenschaften, die ich mir von Menschen meiner Umgebung wünschte, wenn ich nicht wüsste, dass sie mich schließlich enttäuschen würden ob meiner Einfältigkeit. Es gibt zwei weitere Eigenschaften des christlichen Gottes – er ist immerhin der Gott, der mir anerzogen wurde –, mit denen ich mich in aller Kürze gesondert auseinandersetzen möchte. Das ist die Eigenschaft der Dreieinigkeit Gottes und die seiner Unergründlichkeit. Die Dreieinigkeit haben die Glaubenslehrer sogar zum Dogma erhoben. Das liest sich dann so[34]: „Die Trinität ist eine. Wir bekennen nicht drei Götter, sondern einen einzigen Gott in drei Personen: die „wesensgleiche Dreifaltigkeit" (2. K. v. Konstantinopel 553)" oder auch „Die göttlichen Personen teilen die einzige Gottheit nicht untereinander, sondern jede von ihnen ist voll und ganz Gott: Der Vater ist dasselbe wie der Sohn, der Sohn dasselbe wie der Vater, der Vater und der Sohn dasselbe wie der Heilige Geist, nämlich von Natur ein Gott" (11. Syn. v. Toledo 675)". Ich erlaube mir dazu eine Anmerkung. Diese dogmatisierte Dreieinigkeit Gottes halte ich für die abstruseste der Eigenschaften des christlichen Gottes, die sich die Religionslehrer jemals haben einfallen lassen. Ich will einräumen, dass es durchaus möglich ist, dass ich sie bis heute nicht verstanden habe. Oder auch meine Religionslehrer bis heute nicht in der Lage waren, sie mir halbwegs überzeugend zu erklären. Und das Schlimme ist, sie kommen niemals los davon, selbst dann nicht, wenn sie es wollten. Es handelt sich um einen unumstößlichen Glaubenssatz, um ein Dogma eben, eine von den Menschen erfundene Einrichtung, quasi um ein anthropogen-theologisches Naturgesetz. Auch die Unergründlichkeit Gottes ist belegt: „Gott ist unergründlich, das heißt, er ist unerforschlich und unserem Verständnis bleibt er unfassbar (Jesaja 40, 28; Psalm 145, 3; Römer 11, 33-34)". Es ist klar, mit dieser ersonnenen Eigenschaft Gottes lässt sich jedes redliche intellektuelle Argument erschlagen. Sie wird uns noch einmal begegnen.

Möglicherweise beruhigender als gottlos zu leben, ist es, an einen Gott zu glauben, der persönlich ist, den man ansprechen kann, zu dem man beten und den man um etwas bitten kann. Ein allmächtiger, gütiger, gnädiger, liebender, verzeihender, gerechter und barmherziger Gott, der von Anfang an die Absicht hatte, die Erde, das Leben auf der Erde und schließlich uns Menschen nach seinem Ebenbilde zu erschaffen. Ich frage mich allerdings, wie ein allmächtiger und allgütiger Gott gleichzeitig so grausam sein und zulassen kann, dass die nach seinem Ebenbild erschaffene Spezies so gequält und geschunden wird, wie sie in ihrer Geschichte schon geschunden worden ist und höchstwahrscheinlich auch noch geschunden werden wird, durch Ihresgleichen, durch Naturkatastrophen, Kriege, Kriege nicht zuletzt in seinem Namen und Krankheiten. Es ist nur eine sehr kleine Auswahl von Ereignissen, die mir dazu einfällt. Völlig ungeordnet, wahllos: die Pest, die im Europa des Mittelalters 25 Millionen Menschen dahinraffte, beinahe ein Drittel der damaligen Bevölkerung. Wir können uns das menschliche Leid wahrscheinlich nicht vorstellen. Mütter und Väter haben ihre Kinder und Kinder ihre Mütter und Väter im Stich gelassen. Genauso wie Männer ihre Frauen und Frauen ihre Männer. Nicht weniger grausam war wahrscheinlich das Leid, das die spanischen Conquistadores Anfang des 16. Jahrhunderts in das Land der Azteken und Inkas brachten. Des Goldes wegen. Die Spanier wähnten sich als Abgesandte ihrer Könige und die sich als Abgesandte Gottes. Sie metzelten die Ureinwohner im Namen Gottes nieder, bekehrten die nicht nieder Gemetzelten zum einzig wahren Glauben, unterdrückten sie und hielten sie als Sklaven. Als die Herrschenden die Beherrschten auf diese Weise soweit dezimiert hatten, dass diese ihnen als billige Arbeitskräfte ausgegangen waren, besorgten sie sich Ersatz. Im dunklen Kontinent gab es genug „dunkles Material", das als Ersatz geeignet war. Ich stelle mir das Leid vor. Gefangen werden, getrennt werden von Frau und Kind und Heimat, eingepfercht im Unterdeck eines Sklavenschiffs, der bekannten Welt entrissen, mitgenommen in eine unbekannte mit einem extrem ungewissen Ausgang. Und der gütige Gott schaute zu, offenbar untätig und ungerührt ob des Leides der von ihm nach seinem Ebenbilde geschaffenen und geschundenen Kreatur. Es gibt unzählige, weitere Beispiele, die beiden Weltkriege, der Holocaust, nine eleven, der Tsunami von 2004, die Katastrophe von Fukushima, ja, und dann der Taifun Haiyan, der im November 2013 die Philippinen heimgesucht hat. Und auch der 2. chinesisch-japanische Krieg von 1937 bis 1945. Es sind erst 70 Jahre vergangen seit dem. Es ist noch nicht lange her, dass ich zum ersten Mal davon gehört habe. Davon, was die Japaner angerichtet haben. Sie müssen schrecklich gewütet haben. Nicht beschreibbare Grausamkeiten, Experimente mit biologischen und chemischen Substanzen an lebenden Gefangenen. So ermordete die berüchtigte "Einheit 731" im nordostchinesischen Pingfang Tausende chinesischer Gefangene durch bestialische Menschenversuche. Die Anregung für seine Experimente hatte Shiro Ishii, der Leiter der Einheit, von einer Deutschlandreise mitgebracht. Dr. Josef Mengele lässt grüßen. Ich weiß, dass unsere Religionsführer für die damit einhergehende Untätigkeit ihres gütigen Gottes Antworten parat haben. Die Frage, warum der gütige und allmächtige Gott das Leid in der Welt zulässt, ist aber keineswegs nur die bescheidene Frage eines zweifelnden Zeitgenossen. Nein, sie ist die Frage unzähliger Generationen von Philosophen und Religionslehrern und beinahe so alt wie die Menschheit selbst. Und sie ist bis heute nicht beantwortet. Sie wird auch niemals, und schon gar nicht übereinstimmend, beantwortet werden können. Theodizee[44] nennen sie es. Mit „Rechtfertigung Gottes" kann man es übersetzen. Gemeint sind die Antwortversuche auf die Frage, wie das Leiden in der Welt zu erklären sei vor dem Hintergrund, dass Gott einerseits allmächtig und andererseits allgütig ist. Der Begriff Theodizee geht auf Leibnitz zurück. Die Fragestellung selbst existierte aber schon in der Antike. Ich möchte nur auf wenige Antwortversuche und Lösungsansätze eingehen und das zugestandenermaßen ziemlich oberflächlich. Sie erscheinen mir durchweg sehr kompliziert, um nicht zu sagen verworren. Das Problem

der Theodizee lässt sich knapp und prägnant als Widerspruch aus einer Reihe von zunächst für richtig befundenen Aussagen formulieren:
- Gott existiert.
- Gott ist allmächtig.
- Gott ist allgütig.
- Das Leid der Welt existiert.

Diese Aussagen können aber unmöglich alle richtig sein. Sie führen nämlich zu einem Widerspruch, wenn man davon ausgeht, dass die Allmacht Gott in die Lage versetzt, das Leid der Welt zu verhindern und seine Allgütigkeit das Leid der Welt nicht zulässt. Zu lösen ist dieser Konflikt durch die Zurücknahme oder Abschwächung mindestens einer der Aussagen. Die Letzte steht dabei außer Frage. Das kann man Jahr für Jahr, Tag für Tag, Stunde für Stunde, eigentlich ständig, erleben. Die einfachste und nach Ockhams Sparsamkeitsprinzip zugleich klarste und schnörkelloseste Lösung des Problems wäre die Verneinung der Existenz Gottes. Aber unsere Religionslehrer und Philosophen haben im Laufe der Jahrhunderte eine Vielzahl von Lösungsmöglichkeiten „ersonnen". Ich möchte nur auf zwei dieser Lösungen eingehen. Auf die erste, weil ich sie ungeheuerlich finde, auf die zweite, weil einer ihrer Anhänger immerhin Martin Luther war, der Begründer der lutherischen Kirche, zu der gegenwärtig immerhin knapp über 75 Millionen Mitglieder zählen. Der erste Lösungsversuch, von dem die Rede sein soll, ist die Irenäische Theodizee. Sie ist benannt nach dem Kirchenvater Irenäus. Die Kernaussage lautet, dass Übel und Leiden für ein spirituelles Wachstum des Menschen notwendig seien. Diese Idee wurde von dem Theologen und Religionsphilosophen John Hick verbreitet. John Hick war Brite, ist am 20. Januar 1922 geboren und am 9. Februar 2012 gestorben. Er war also ein Zeitgenosse. Ich frage mich, wer eigentlich spirituell wachsen soll, wenn unschuldigen Kindern Leid zugefügt wird, ob durch Menschen, Naturkatastrophen, Krankheit oder Unfälle. Ich frage mich außerdem, wie ein höchstwahrscheinlich gebildeter, zumindest ein höchst wahrscheinlich gut ausgebildeter, Mitbewohner dieses Planeten in dieser Zeit auf diese wundersame Idee kommen kann. Ich halte sie nicht nur für ziemlich schwachsinnig, sondern auch für ausgesprochen widerlich. Eine zweite wundersame Lösung des Problems, auf die ich eingehen will, ist die von Martin Luther unterstützte. Sie lässt sich überschreiben mit „Gottes Ziel ist die Umgestaltung des Menschen". Nach Martin Luther: „Sonst lernten wir denn nimmermehr, was Glaube, Wort, Geist, Gnade, Sünde, Tod oder Teufel wäre, wo es immer in Frieden und ohne Anfechtung zugehen sollte". Es braucht also eine Portion Unfrieden, dass der Mensch zur Vernunft kommt. Er muss gepeinigt und geschunden werden, damit er auf den rechten Weg findet. „Was für ein Gott!" möchte man angesichts dieser nicht minder ekelhaften Theorie ausrufen. Martin Luther mag man aufgrund seiner frühen Geburt diese Ansicht nachsehen. Heute bleibt der aufgeklärte Mensch dazu aufgefordert, diesen Gedankenspielen ein jähes Ende zu bereiten. Ein Gott, wenn es ihn denn gibt, der dieses Universum erschaffen hat, wenn er es denn erschaffen hat, will den Menschen umgestalten und schickt ihm deshalb allerlei Grauen und Leid. „Was für ein Gott!", möchte man erneut ausrufen. Es gibt auch Theologen, die das Problem für unlösbar halten[44]. Nach Karl Barth (1886 bis 1968), einem Schweizer und evangelisch-reformierten Theologen gibt es keine Lösung des Theodizee-Problems: „Wir sind nicht berechtigt, Gott anzuklagen. Wir können nur dialektisch vom Paradoxon reden". Diese Antwort überzeugt mit Sicherheit keinen eher gradlinig denkenden Menschen, der eine Antwort auf eine extrem simple, ich wiederhole, eine extrem simple, Frage erwartet. Ähnlich wie Barth äußern sich zeitgenössische Theologen wie zum Beispiel Alfred Buß, der bis 2012 Präses der evangelischen Kirche von Westfalen war: „Ehrliche Theologie gesteht ein, dass es auf die Frage nach dem Sinn des Leidens keine Antwort gibt. Wer sie trotzdem versucht, setzt nur Irrlichter auf". Ich frage mich, wie er die Irrlichter verstanden wissen will. Irrlichter, die in einer Verneinung der Existenz Gottes münden? Ich habe nicht weiter recherchiert. Ich denke nur, er würde sich theologisch herausreden aus diesem Dilemma. Wenn ich richtig informiert bin, dann ist meine römisch-katholische Kirche ziemlich weit von einer vergleichbaren Aussage entfernt, obwohl ich nicht weiß, wie sie sich eigentlich herausredet. Ich verzichte auch in diesem Falle auf eine weiter gehende Recherche, zitiere aber aus dem Katechismus der katholischen Kirche: "Der Glaube gibt uns die Gewissheit, dass Gott das Böse nicht zuließe, wenn er nicht auf Wegen, die wir erst im ewigen Leben vollständig erkennen werden, sogar aus dem Bösen Gutes hervorgehen ließe." Prost, Mahlzeit! Genau da haben wir sie, die Unergründlichkeit Gottes. Zusammengefasst scheint das alles extrem verworren. Und ich frage mich erneut, wer solche abstrusen Ideen in die Welt setzte und immer noch setzt und vor allem, warum solche abstrusen Ideen in die Welt gesetzt wurden und immer noch gesetzt werden.

Unsere Religionslehrer unterscheiden übrigens streng zwischen dem Bösen und dem Übel bzw. dem Leid in der Welt. Als Kinder haben wir das Grundgebet der Christen, das Vaterunser, noch abgeschlossen mit der Bitte „... sondern erlöse uns von dem Übel". Jedenfalls meine Bitte an Gott bestand stets darin, Unglück und Krankheit von uns, von mir, meinen Eltern und meinen Geschwistern fernzuhalten. Ich muss offensichtlich etwas falsch verstanden haben. Irgendwann wurde nämlich aus dem Übel das Böse: „ ... sondern erlöse uns von dem Bösen". Diesen Wortwechsel hat mir nie jemand erklärt und niemand hat mich aufgeklärt. Erläutern kann uns diesen Sinneswandel möglicherweise Immanuel Kant. Das Böse ist für Kant vom menschlichen Willen abhängig, es ist das Ergebnis einer sittlichen Entscheidung und daher aus philosophischer Sicht ethisch relevant. Als Übel hingegen wird etwas dann bezeichnet, wenn es einen Zustand der Unannehmlichkeit oder des Schmerzes hervorruft. Das Böse haben also der Mensch und der Teufel zu vertreten, für das Übel ist logischerweise eher Gott zuständig. Wir bitten also um die Erlösung vom Bösen, vom Teufel, dem Teufel in der Welt und dem Teufel in uns. Die Bitte nach der Erlösung vom Übel dieser Welt ist nach dieser Erkenntnis natürlich unsinnig. Der allmächtige, allgütige und unergründliche Gott schickt dem Menschen Unglück und Krankheit und dieser bittet ihn darum, dass er das bitte sein lassen möge. Das ist tatsächlich ausgesprochen widersinnig. Wobei ich noch nicht erkenne, wer für das Übel zuständig ist, das sich aus dem Bösen ergibt. Wenn beispielsweise tollwütige Schergen unschuldige Frauen und Kinder erschlagen. Das kommt jedenfalls nicht extrem selten vor auf diesem Planeten. Man muss sich nur umsehen.

Jeglicher Glaube an einen persönlichen Gott unterstellt, dass es eine Macht gibt, die sich allen Ernstes mit einer Spezies beschäftigt, die nach allem, was wir wissen, vergänglich ist und eines Tages aus dieser Welt verschwinden wird, wie schon viele der vor ihr lebenden Kreaturen verschwunden sind von diesem Planeten. Den müsste der Schöpfergott angesichts seiner Bedeutungslosigkeit im Verhältnis zur Größe und zur zeitlichen Dimension des Universums eigentlich schon vergessen haben. Unser Planet ist ein winziges Staubkorn in der Weite des Universums. Er umrundet einen relativ gewöhnlichen Stern, einen von einigen 100 Milliarden am Rande einer von einigen 100 Milliarden Galaxien. Was den Menschen dazu bewegen kann, sich bei dieser kosmischen Konstellation als die Krone der Schöpfung, nach dem Ebenbild Gottes erschaffen und von ihm betreut und umsorgt zu fühlen, von ihm Erlösung zu erwarten von den Unbilden dieser Welt, das ist, bei Verstand betrachtet, absolut nicht nachvollziehbar. Warum ist der Mensch nicht einfach nicht mehr und nicht weniger, als das aus einem Einzeller hervorgegangene Lebewesen, das im derzeitigen kosmischen „Augenblick" an der vorläufigen Spitze der Evolution stehend, über die größte Einzelintelligenz auf diesem Globus verfügt. Und einen Planeten bevölkert, inzwischen, oder zumindest bald, übervölkert, der – ich weiß, ich wiederhole mich – im Vergleich zur Größe des Universums und im Angesicht der Abläufe in diesem Universum extrem unbedeutend sein muss.

Man kann sich bei der Frage nach der Existenz Gottes auch auf die Seite von Immanuel Kant und Johann Gottlieb Fichte schlagen, obgleich ich dies nicht für eine gute Lösung halte. Beide vertraten die Auffassung, dass der Gottesglaube moralisch notwendig sei. Das Ideal eines höchsten Wesens sei nichts anderes als ein regulatives Prinzip der Vernunft und nicht notwendig existent, so Kant. Gott ist danach eine von der intellektuellen Kaste für notwendig gehaltene und gedachte moralische Instanz, die helfen soll, den ungebildeten Massen den rechten Weg zu zeigen und zu moralischem Handeln zu bewegen, wenn nicht sogar zu zwingen? Oder zumindest zu erpressen mit der Aussicht auf ewige Verdammnis bzw. ewiges Leben? Diese Idee sollte sich heute eigentlich nicht mehr an die Frau und an den Mann bringen lassen. Kants Zeitgenosse, unser berühmter Dichterfürst Johann Wolfgang von Goethe, hatte eine vergleichbar elitäre Einstellung[16]: „Wer Wissenschaft und Kunst besitzt,/ Hat auch Religion; /Wer jene beiden nicht besitzt,/ Der habe Religion". Es war ihm also bewusst, dem Dichterfürst, dass die, die noch nicht aufgeklärt waren, auf den Arm genommen wurden. Und sie werden heute immer noch auf den Arm genommen, von der herrschenden Klasse und von ihren Religions- und Glaubenslehrern. Es kann nämlich unmöglich wahr sein, dass mancher „Gottesmann" es ernst meint, mit dem, was er verkündet.

Man könnte auch auf Nummer sicher gehen wie der napoleonische Offizier, der auf dem Schlachtfest ausrief: „Oh Herr, wenn es dich gibt, sei meiner Seele gnädig, wenn ich eine habe". Oder man folgt der Empfehlung Pascals. Pascal war ein französischer Mathematiker, Physiker und Philosoph und ein ganz Schlauer. Er kam zu dem Ergebnis, dass es vernünftiger sei, an Gott zu glauben als nicht an Gott zu glauben. Zu diesem Ergebnis kam er mithilfe der Kombinatorik. Glaubt man nämlich an Gott und Gott existiert, dann ist alles gut. Glaubt man an Gott und Gott existiert nicht, ist das auch kein Problem. Glaubt man nicht an Gott und Gott existiert nicht, ist auch das kein Problem. Das einzige Problem ergibt sich, wenn man nicht an Gott glaubt, er aber tatsächlich existiert. Dann bekommt man es mit der Hölle zu tun. Ein ganz schön schräger Vogel, dieser Pascal, wie ich meine. Und dennoch werden heute noch physikalische Einheiten, Programmiersprachen und „Dreiecke" nach ihm benannt. Aber das ist wohl etwas anderes. Die Agnostizisten sind ein besonderes Völkchen. Sie stecken den Kopf in den Sand und vertreten die Auffassung, dass es nicht entscheidbar ist, ob Gott existiert und diese Frage auch niemals zu beantworten sein wird. Ich denke, so kann man nicht aufhören, sich mit dieser Frage zu beschäftigen. Neben logischen Argumenten gegen bestimmte Gottesvorstellungen, wie der Widerspruch zwischen Omnipotenz und Omniszienz, das Allmachtsparadoxon, das den Allmächtigen einen Stein erschaffen lässt, den er selbst nicht tragen kann und das Theodizeeproblem, gibt es Versuche, die Existenz Gottes empirisch zu widerlegen, zum Beispiel durch statistische Untersuchungen zur Unwirksamkeit von Gebeten. Oder durch die Beobachtung, dass sich das Universum genau so verhält, wie man es bei Abwesenheit eines Gottes erwarten muss. Ich denke, dass dieses letzte Argument ein gutes Argument ist. Man muss sich nur umsehen, Jahr für Jahr, Tag für Tag, Stunde für Stunde. In der Psychoanalyse wird der Gottglaube als eine Form des Wunschdenkens betrachtet. Für Sigmund Freud beispielsweise war Gott die Projektion einer perfekten, schützenden Vaterfigur, die das Gefühl einer idealisierten Kindheit vermitteln soll. Forschungsgegenstand ist auch die Frage, ob der Glaube an ein außerhalb dieser Welt existierendes Wesen, möglicherweise angeboren ist. Dazu wurden Hypothesen entwickelt, die aber nicht anerkannt, mindestens aber umstritten sind.

Zusammenfassung, Schlussfolgerungen und Einschätzungen:

Man kann sich auf den Standpunkt stellen, dass die Naturgesetze von einem Schöpfer geschaffen wurden und das Universum auf Basis dieser Gesetze, den kosmologischen und physikalischen Theorien folgend, entstanden ist.

Da die Frage nach der Herkunft des Schöpfers nicht beantwortbar ist, kann man der Argumentation Carl Sagans folgend, die Fragestellung abkürzen und sich darauf zurückziehen, dass die Frage nach der Herkunft der Naturgesetze nicht beantwortbar ist. Oder die Naturgesetze schon immer existieren. Ob man die Naturgesetze dann Naturprinzip, Schöpfer oder Gott nennt, ist nachrangig und führt nicht wesentlich weiter.

Nachdem das Universum einmal gezündet war, folgt seine weitere Entwicklung diesen Naturgesetzen. Es ist nicht zu sehen, dass Mächte, die nicht von dieser Welt sind, ihre Hand im Spiel haben und einen wie auch immer gearteten Einfluss auf diese Entwicklung nehmen. Das Universum verhält sich genau so, wie man es bei Abwesenheit eines Gottes erwarten muss.

Ein Schöpfer aber, der sich nach der Schöpfung zurückgezogen hat, ist für uns Menschen wertlos. Wir könnten von ihm keine Zuwendung erwarten und keinen persönlichen Kontakt zu ihm herstellen.

Andererseits ist ein persönlicher Gott, der nicht gleichzeitig Schöpfer der Welt und Weltenlenker ist, für einen gläubigen Menschen nur schwer akzeptierbar. Wie sollte er zu seinem Gott aufschauen und beten können, wenn dieser nicht dazu in der Lage wäre, etwas zu tun, er also ohnmächtig statt allmächtig wäre.

Ein persönlicher, allmächtiger und allgütiger Gott ist im Angesicht des Leides dieser Welt nur schwer akzeptierbar und nur mit zusätzlichen Annahmen und Legenden denkbar.

Die tatsächlich einfachste Lösung des Rätsels ist es, die Nichtexistenz Gottes anzunehmen. Und die Welt verhält sich tatsächlich genau so.

Der unschätzbare Wert des christlichen Gottes, falls es ihn tatsächlich geben sollte, besteht für mich darin, dass er mir meine Zweifel nachsehen würde. Das zeichnet ihn nämlich aus. Er ist, wie wir gesehen haben, gerecht, barmherzig, gütig, gnädig, zuverlässig, vertrauenswürdig, heilig und wahrhaftig.

Quellen: 9, 34, 35, 44

Weltbild ohne Legenden

Ich verdichte meine Schlussfolgerungen und Einschätzungen aus den vorangegangenen Kapiteln zu meinem Weltbild. Dabei lasse ich mich leiten von der Vernunft und der uns umgebenden Wirklichkeit, so wie ich sie skizziert habe. Ein Weltbild ist die Vorstellung des Menschen, im vorliegenden Falle meine Vorstellung, von dieser Welt, den Menschen, den Mitkreaturen und Gott. Folgt man der Annahme, dass die Naturgesetze einfach da sind und schon immer da waren und das Universum diesen Gesetzen folgend entstanden ist und sich diesen Gesetzen folgend entwickelt hat und sich diesen Gesetzen folgend weiter entwickeln wird, dann ist es plausibel anzunehmen, dass dieser Entwicklung keine gerichtete Absicht zugrunde liegt. Insbesondere auch nicht die Absicht eines übernatürlichen Wesens, auf einem im Vergleich zur Größe des Universums winzigen Planeten, menschliches Leben entstehen zu lassen, um mit diesem einen göttlichen Plan zu realisieren. Diese Vorstellung ist, mit Verstand betrachtet, geradezu absurd. Es sei denn, man unterstellt, dass eine alles wissende Macht weiß, was die Naturgesetze anrichten werden, sie aber nicht eingreift, weil sie nicht eingreifen will oder alles schon vorbestimmt hat. Aber das sind Legenden und gehören unter Ockhams Rasiermesser. Dieser Vorstellung einer kalten, gottfernen Welt fehlt es zugegebenermaßen an Wärme und Geborgenheit, die wir Menschen offensichtlich suchen. Aber die Wünsche und Sehnsüchte einer vergänglichen Spezies, auf einem winzigen Planeten, in einem unvorstellbar riesigen Universum, sind mit Sicherheit kein Indiz für das, was tatsächlich ist. Es wäre für uns Menschen, zumindest vordergründig, ein trauriges Ergebnis, eine Welt ohne Trost, ohne Auferstehung von den Toten, ohne Wiedersehen der einmal geliebten Menschen. Aber es nützt nichts. Wir sollten den Tatsachen ins Auge sehen. Insgesamt sieht es, die naturwissenschaftliche Position einnehmend, ziemlich schlecht aus für die Annahme, dass ein Gott diese Welt erschaffen hat und noch schlechter für die Annahme, dass er ihre Entwicklung, wie auch immer, beeinflusst. Wenn es tatsächlich einen Gott geben sollte, dann muss der Nachweis seiner Existenz notwendigerweise aus anderen Quellen gespeist werden. Aber auch der persönliche Gott hat aus meiner Sicht schlechte Karten, wenn wir uns das Theodizee-Problem noch einmal in etwas abgewandelter Form in Erinnerung rufen. Wir stellen eine Art Theorie auf über das System „Gott und die Welt" und formulieren die folgenden Thesen:

- Gott existiert,
- Gott ist allmächtig und
- Gott ist allgütig.

Die Allmächtigkeit versetzt Gott in die Lage, das Leid in der Welt zu verhindern. Seine Allgütigkeit lässt das Leid in der Welt nicht zu. Unsere Theorie sagt damit eine Welt vorher, die ohne Leid ist. Wie bei einer physikalischen Theorie benötigen wir nur ein einziges Ereignis, das ihren Vorhersagen widerspricht, um die Theorie zu falsifizieren, sie also zu Fall zu bringen. Dummerweise gibt es, wie wir gesehen haben, nicht wenige Ereignisse, die die oben aufgestellte Theorie falsifizieren. Es sind so viele, dass die Theorie eigentlich gar nicht hätte entstehen dürfen. Kurzum, die Theorie muss notwendigerweise falsch sein. Daran führt kein noch so verschlungener Pfad vorbei. Der konsequenteste und kürzeste Weg aus diesem Dilemma ist die Verneinung der Existenz eines Gottes, der allmächtig und allgütig zugleich ist. Ist er das aber nicht, dann ist er auch nicht Gott. Zumindest nicht der Gott, den wir uns vorstellen. Alle anderen Lösungsversuche benötigen zusätzliche Annahmen, Hypothesen und Legenden und führen zu Konstruktionen, die mit Verstand nicht nachvollziehbar sind. Es ist übrigens der Verstand, den uns Gott gegeben hat – falls er existiert und er uns nach seinem Ebenbild erschaffen hat. Wir sollten uns deshalb, so oder so, zutrauen, dass wir damit einigermaßen schlüssig umgehen können.

Ich komme zu einem weiteren Aspekt unseres Daseins, der Tatsache nämlich, dass die Menschheit in den letzten beiden Jahrhunderten enorme Wissensfortschritte gemacht hat, größere Wissensfortschritte, quantitativ und qualitativ, als in ihrer 200.000 Jahre alten Geschichte zusammengenommen. Dieser Wissensfortschritt führte zu Erkenntnissen, die in einem diametralen Verhältnis zu überkommenen Traditionen und überkommenem Denken stehen. Die dadurch erlittenen „Verluste" sind tatsächlich Kränkungen der menschlichen Spezies, die diese offensichtlich noch nicht ganz verkraftet hat. Wir entnehmen eine Liste dieser Kränkungen, auf deren ersten drei schon Sigmund Freud aufmerksam gemacht hat, dem „Manifest des evolutionären Humanismus" von Michael Schmidt-Salomon[16]:
- die kopernikanische Kränkung: Die Erde und der Mensch sind nicht der Mittelpunkt der Welt.
- die darwinsche Kränkung: Der Mensch ist ein zufälliges Produkt der chemisch/biologischen Evolution.
- die tiefenpsychologische Kränkung: Der Mensch wird vom

Unbewussten gesteuert.
- die verhaltensbiologische (ethologische) Kränkung: Der Mensch gehört nicht nur zur Familie der Primaten, er verhält sich auch so.
- die erkenntnistheoretische (epistemologische) Kränkung: Der Mensch ist wie alle Lebewesen nur mit einem beschränkten Erkenntnisvermögen ausgestattet.
- die soziobiologische Kränkung: Das menschliche Leben beruht wie alles Leben auf Eigennutz.
- die ökologische Kränkung: Der Mensch ist abhängig von einer komplex strukturierten Biosphäre, die er weder durchschaut noch kontrollieren kann.
- die kulturrelativistische Kränkung: Die menschlichen Ideen, Ideale, Religionen und Künste sind abhängig vom historischen Entwicklungsstand und keineswegs zeitlos.
- die kosmologisch-endzeitliche (eschatologische) Kränkung: Das menschliche und alles sonstige Leben ist ein zeitlich begrenztes Phänomen in einem Universum, das wahrscheinlich unaufhaltsam dem Kältetod zustrebt.
- die paläontologische Kränkung: Der Mensch trat nur im letzten winzigen Moment der bisherigen planetaren Zeit auf und wird, wie jede ausgestorbene Spezies vor ihm, irgendwann aussterben.
- die evolutionäre Kränkung: Die Evolution unterliegt keinem Trend zum Besseren, sie ist fortschrittsblind.
- die neurobiologische Kränkung: Das menschliche „Ich" ist ein Produkt unbewusster neuronaler Prozesse.

Der Glaube an den Plan eines übernatürlichen Wesens, das den Menschen nach seinem Ebenbild erschaffen hat, wirkt im Angesichte dieser Fakten wie ein Märchen aus längst vergangener Zeit. Das sich bewusst zu machen, tut tatsächlich beinahe körperlich weh. Aber es hilft nichts. Wir sollten der Wahrheit ins Auge sehen und Mythen und Märchen Mythen und Märchen sein lassen. Es bleibt uns keine Wahl. Alles andere ist Selbstbetrug. Die meisten Christen[16], jedenfalls hierzulande, haben inzwischen die Erkenntnisfortschritte dahin gehend akzeptiert, dass sie nicht mehr an „Adam und Eva, nicht mehr an Hölle und Teufel, nicht mehr an ein ewiges Flammenmeer, in dem die überwiegende Mehrheit der Menschen postmortal gebraten wird", nicht mehr an Engel und den Himmel, nicht mehr an die Auferstehung Jesu und schon gar nicht an

dessen Himmelfahrt und an die seiner Mutter Maria und erst recht nicht an die eigene glauben. Und dennoch nennen sie sich Christen, während die offizielle Kirche genau dies alles ernsthaft und dogmatisch verkündet. Da läuft, denke ich, etwas falsch. Das Apostolische Glaubensbekenntnis, das Glaubensbekenntnis der katholischen und evangelischen Christen lautet nämlich (auszugsweise):
Ich glaube .....
an Jesus Christus, ...
am dritten Tage auferstanden von den Toten,
aufgefahren in den Himmel; ......
von dort wird er kommen, zu richten die Lebenden und die Toten.
Ich glaube an die ......
Vergebung der Sünden,
Auferstehung der Toten
und das ewige Leben.

Ich lasse das so stehen und stelle nur fest, dass dieses Bekenntnis keine Ausflüchte zulässt, weder Teilbekenntnisse noch ausweichende Interpretationen, auch keine Legendierung der Legenden.

Ich zitiere eine Passage aus „Das Manifest des evolutionären Humanismus", die mich stark berührt hat[16]: „Die größte intellektuelle und emotionale Herausforderung für jeden, der sich ernsthaft mit dem Menschen und seiner Geschichte beschäftigt, besteht darin, der Versuchung nicht zu erliegen, Zyniker zu werden. Angesichts all der Gräueltaten, der Ausbeutung, Folter, Ermordung von Abermillionen Menschen ..., angesichts all dieser atemberaubenden Brutalität und Dummheit mag es naheliegend erscheinen, den Abgesang ... auf unsere ... offensichtlich meist von allen guten Geistern verlassene Spezies zu singen". Trotz dieser Versuchung besteht in vielen Köpfen noch immer die Hoffnung, dass sich die Bestie Mensch irgendwann doch noch zähmen lässt. Diese Hoffnung basiert für den gläubigen Menschen auf dem Glauben an Gott, der mit ihm und dieser Welt einen Plan verfolgt, auf dem Glauben an ein Leben nach diesem Leben, an die Unsterblichkeit der Seele, an die Vergebung aller Sünden und an die göttliche Gerechtigkeit. Die Anhänger einer naturalistischen und wissenschaftsbasierten Weltanschauung stützen sich eher auf die kulturellen Schätze, die die Spezies Mensch hervorgebracht hat, auf die „großen Werke der Kunst, Wissenschaft und Philosophie"[16]. Sie hoffen darauf, dass die Anzahl derer zunimmt, die – frei nach Goethe – Wissenschaft und Kunst besitzen. Ich denke, dass es durchaus möglich ist, dass Kunstwerke das Potenzial besitzen, Menschen vor einer zynischen Weltsicht, wenn vielleicht auch nicht zu bewahren, dann doch wenigstens nicht darin zu bestärken. Ich traue allerdings der Wissenschaft in dieser Hinsicht mehr zu. Wenn nicht die Macht des Faktischen schließlich doch die Oberhand gewinnt bzw. noch lange Zeit behalten wird. Wenn ich mich zurzeit umsehe in der Welt, kommen mir tatsächlich Zweifel, ob es Kunst und Wissenschaft oder auch Religion letztlich schaffen können. Ich sehe Syrien im Blut versinken, verbrecherische Machthaber, mit Nervengift getötete Frauen und Kinder, vor Lampedusa zu Hunderten ertrunkene Mütter, Väter und Kinder und hilflose Politiker. Ich sehe Anschläge im Irak und Afghanistan, in Israel und Kriegsgemetzel auf dem afrikanischen Kontinent. Ob sich die Vernunft jemals durchsetzen wird, steht in den Sternen. Das Treiben der Salafisten in unserem Land indiziert wahrscheinlich nur die Spitze eines Eisbergs zunehmender Radikalisierung theistischer und politischer Weltanschauungen. Dass sich eine wissenschaftsbasierte Weltanschauung in überschaubarer Zeit durchsetzen wird, halte ich angesichts dieser Entwicklung für wenig wahrscheinlich. Ich sehe in unserer Wohlstandsgesellschaft auch kein nennenswertes Interesse. Die breite Masse der Uninteressierten, die Schnäppchenjäger und Spekulanten, die Weichei-Christen[16] und Euro-Islamisten[16] werden also noch eine ganze Zeit lang die Oberhand behalten, umgeben oder durchsetzt von fundamentalistischen Gruppierungen jeglicher Couleur: Christen, Juden und Muslime, Rechtsradikale und Linksfanatiker. So wird es sein. Und es werden noch ungezählte Zähne eingeschlagen und ungezählte Augen ausgestochen werden. Und es wird noch schlimmer kommen. Nicht nur Öl- und Religionskriege werden uns Menschen heimgesucht haben. Auch um Wasser und Nahrung und Anbauflächen werden Kriege geführt werden. Klimakatastrophen werden Flüchtlingswellen auslösen und in die wohlhabenden und besser davongekommenen Länder spülen. Die Hoffnung aufzugeben und sich nicht für eine bessere Welt einzusetzen, ist wahrscheinlich keine gute Lösung. Ob es sich allerdings zu kämpfen lohnt, darüber wage ich keine Prognose. Es ist letztendlich aber nicht relevant, welche Motive dem Kampf um eine gerechtere und friedvollere Welt, die allen Menschen einen lebenswerten Platz auf diesem Globus einräumt, zugrunde liegen. Der Glaube an einen Gott oder eine ethische Haltung, die sich aus dem Diesseits ergibt.

Zum Ende kommend nehme ich zu den Themen Stellung, zu denen der Mensch im Rahmen seines Daseins Stellung bezogen haben sollte und die letztlich sein Weltbild ausmachen, sich zu seinem Bild von der Welt zusammenfügen.

Der Kosmos

Der Kosmos ist ein Produkt der physikalischen Evolution. Ich gehe davon aus, dass die Naturgesetze schon immer existieren. Sie sind in dem Sinne vergangenheitsewig, dass es keinen vergangenen Zeitpunkt gibt, vor dem sie nicht wirksam waren. Und sie sind in dem Sinne zukunftsewig, dass es keinen zukünftigen Zeitpunkt geben wird, nach dem sie nicht mehr wirksam sind. Das Universum ist auf Basis der Naturgesetze, quasi aus dem Nichts, aus den Quantenfluktuationen eines skalaren Energiefeldes entstanden. Das ist zumindest eine der Entstehungstheorien. Die Wissenschaft wird eines Tages in der Lage sein, diese Theorie zu erhärten oder zu falsifizieren und gegebenenfalls die „richtige" zu formulieren. Wenn man annimmt, dass die Naturgesetze schon immer existieren, erübrigt sich die Frage nach ihrem Schöpfer. Man kann die Naturgesetze aber auch Naturprinzip oder Gott nennen. Das hilft aber tatsächlich nicht weiter und läuft auf das Gleiche hinaus. Der Kosmos entwickelte sich auf Basis der Naturgesetze und wird sich auf Basis der Naturgesetze weiter entwickeln. Es sind unumstößliche Gesetze, die keine Macht, diesseits und jenseits dieser Welt, wenn es die denn gäbe, in der Lage wäre, außer Kraft zu setzen. Das Universum, das uns hervorgebracht hat, wird zukunftsewig expandieren und strebt unaufhaltsam dem „Kältetod" entgegen. Dass die Welt ein Multiversum sein soll und unser Universum eines von vielen, halte ich für eine im Sinne des Wortes wunderbare Idee. Obgleich es in absehbarer Zeit mit Sicherheit nicht möglich sein wird, diese Theorie durch Beobachtungen abzusichern, noch sie zu falsifizieren.

Das Leben

Es ist bis dato nicht geklärt, ob die Entstehung des Lebens ein extrem unwahrscheinlicher und damit ein einmaliger Prozess ist oder ob Leben unter bestimmten Bedingungen quasi zwangsläufig entsteht. Die Wissenschaft geht davon aus, dass in beiden Fällen natürliche Abläufe verantwortlich und keine Mächte aus dem Jenseits im Spiel sind.

Wenn wir von der Geschichte der Erkenntnisse lernen wollen, sollten wir bescheiden sein und annehmen, dass es an ungezählten Orten dieses und gegebenenfalls weiterer Universen Leben gibt. In welcher Form und welcher Ausprägung auch immer, aber Leben, das per definitionem in der Lage ist, sich zu reproduzieren und sich zu entwickeln.

Diese Ansicht ist wissenschaftlich nicht begründet. Es kann deshalb durchaus auch sein, dass die Erde als einziger Himmelskörper in dem schier unendlichen Weltraum in der Lage war und ist, Leben zu generieren. Das wäre aus meiner Sicht zwar außerordentlich unbefriedigend, würde aber ein grundsätzlich wissenschaftlich basiertes Weltbild nicht erschüttern können.

Es wird mit einiger Sicherheit extraterrestrisch keine Dinosaurier und keine menschenähnlichen Lebewesen geben. Insofern bleiben die Erde und der Mensch einmalig.

Natur und Umwelt

Unsere Biosphäre ist ein extrem komplexes und sensibles System, das wir zu kontrollieren nicht in der Lage sind. Wir können es aber stören und aus den „Fugen" geraten lassen. Durch Raubbau, durch die unkontrollierte Abholzung der Tropenwälder, durch unkontrollierte Landnahmen und die einseitige Bewirtschaftung der so gewonnenen Landflächen, durch unkontrolliertes Bevölkerungswachstum, durch Kriege aus machtpolitischen Gründen, durch Kriege im Namen der Götter, durch Finanzwetten auf Land und Nahrung. Wir sind in der Lage, unsere Lebenswelt lebensunwert zu machen. Wir erzeugen Atommüll, ohne zu wissen, was mit dem noch in Tausenden von Jahren strahlenden Rest geschehen soll, wir erzeugen Plastikmüll, mit dem wir die Ozeane überschwemmen und zu Kloaken der Wegwerfgesellschaft machen und Elektronikschrott, mit dem wir Menschen und Umwelt vergiften. Wir treiben Unmengen vergifteten Wassers in die Erde, um sie aufzubrechen und ihr die letzten Energiereserven zu entziehen, ohne uns über die Folgen im Klaren zu sein.

Die reichen Wohlstandsgesellschaften produzieren mehr Nahrungsmittel, als ihre Mitglieder in der Lage sind, zu sich zu nehmen. Sie werfen beinahe 50 % davon in den Müll, obgleich Hunderttausende Hunger leiden, täglich, ständig. Mit den weggeworfenen Nahrungsmitteln könnten alle Hungernden der Welt ausreichend versorgt werden. Im Übrigen haben wir die Chance, uns bei der Beantwortung jeder Frage zu entscheiden. Zu entscheiden für eine für diesen Planeten und unsere Nachkommen verantwortungsvolle oder für eine kurzlebige und egoistische Position.

Die Tierwelt

Tiere unterscheiden sich nur graduell, nicht grundsätzlich von uns Menschen. Sämtliche Lebewesen auf diesem Globus sind aus den gleichen Bausteinen „gebaut". Zumindest die höher entwickelten Lebewesen verfügen über eine „Hardware", die sich prinzipiell nicht von der des Menschen unterscheidet, über Sinnesorgane, Nervenzellen und Nervenleitungen und ein Gehirn, das die Sinneseindrücke verarbeitet, sortiert, bewertet und Entscheidungen trifft. Diese Mechanismen verlaufen bei Tier und Mensch völlig analog. In Abhängigkeit vom Grad der Verwandtschaft mit uns Menschen ist davon auszugehen, dass Tiere Schmerzen empfinden und Empfindungen haben, die zumindest vergleichbar sind mit unseren. Das tierische Leben ist wie das des Menschen „bloß Leben, das leben will, inmitten von Leben, das leben will" (Albert Schweizer). Wir Menschen sollten unserer Stellung an der Spitze der biologischen Entwicklung gerecht werden und unsere Mitkreaturen so behandeln, dass sie im weitesten Sinne keine Schmerzen erleiden und ein artgerechtes Leben leben können.

Die Stellung des Menschen im Kosmos

Der Mensch ist wie alle Lebewesen ein Zufallsprodukt der chemisch/biologischen Evolution, das sich in der habitablen Zone der Sonne entwickelt hat. Der Mensch ist das Lebewesen, das auf der Erde und in der gegenwärtigen Epoche die höchste Entwicklungsstufe erreicht hat. Der Geist, das Bewusstsein, die Seele, sind das Ergebnis neuronaler Prozesse im Gehirn und ohne Körper nicht existent. Der Dualismus von Körper und Seele ist eine vom Menschen ersonnene Theorie, die widerlegt ist. Mit dem Tod sterben Körper und Seele. Die Auferstehung von den Toden und ein ewiges Leben in einer Art Paradies sind Erfindungen des Menschen.

Die Bedeutung des Menschen und seiner kosmischen Heimat bzw. dessen und deren Nichtbedeutung in Relation zur Größe und zeitlichen Entwicklung des Universums, lassen sich durch die Abbildung der tatsächlichen Größen auf bekannte und vorstellbare sehr schön veranschaulichen. Besonders eindrucksvoll ist beispielsweise die von Schmidt-Salomon in „Keine Macht den Doofen"[17] vorgenommene Abbildung des Weltalters auf ein Erdenjahr. Der Urknall wird dabei auf den 1. Januar null Uhr gelegt. In diesem kosmischen Kalender erscheint die Spezies Mensch erst auf der Bildfläche, als das Jahr beinahe schon zu Ende ist, kurz vor Start des neuen Jahres, genauer siebeneinhalb Minuten, bevor die Glocken das neue Jahr einläuten. Die Böllerschüsse und Sirenen sind allerdings noch nicht ganz verstummt, da ist es schon vorbei mit Homo fluxus, dem vergänglichen Menschen. Es wäre tatsächlich ein Wunder, würde er die siebeneinhalb Minuten des neuen Jahres überleben. Das wären noch einmal 200.000 Jahre. Das ist sehr unwahrscheinlich. Sollte er es wider Erwarten schaffen, dann ist es allerspätestens am 13. Januar endgültig vorbei. Unsere Sonne wird sich dann so weit aufgebläht haben, dass höher entwickelte Organismen, insbesondere menschliches Leben, nicht mehr existieren können. Das wird, um es zu Ende zu bringen, 500 Millionen Jahre nach unserer Zeit sein. Wenn es Homo sapiens tatsächlich gelingen sollte, noch einmal wenigstens 200.000 Jahre zu überleben, dann wäre er in unserem kosmischen Kalender gerade mal eine viertel Stunde alt geworden. Wahrlich kein Alter, aus dem man eine nennenswerte Bedeutung ableiten sollte.

Religionen und Götter

Religionen und Götter sind Erfindungen des Menschen. Sie sind abhängig von der Kultur- und Entwicklungsstufe und absolut nicht zeitlos. Der Mensch hat die Götter nach seinem Ebenbild erschaffen und nicht Gott den Menschen nach seinem. Hätte Gott uns Menschen nach seinem Ebenbilde erschaffen, wäre es ziemlich schlecht bestellt um ihn. Er könnte tatsächlich nicht stolz sein auf die Erschaffung einer wenig friedvollen Spezies, die die eigenen Kinder verhungern lässt, obgleich sie intellektuell dazu in der Lage wäre, den 7 Milliarden Artgenossen ein halbwegs erträgliches Dasein zu ermöglichen. Um es mit Ludwig Feuerbach (deutscher Philosoph von 1804-1872) zu sagen: „Theologie ist Anthropologie". Es gibt kein Leben nach dem Tod. Es gibt weder Bestrafung noch Belohnung für zu Lebzeiten begangene oder unterlassene Taten, keine Engel und keine Jungfrauen im Himmel, für die zu sehen es sich lohnen könnte, zu sterben oder Mitmenschen die Köpfe einzuschlagen. Es gibt in diesem Sinne keine höhere Gerechtigkeit. Für Gerechtigkeit unter den Menschen sind wir Menschen absolut alleine zuständig und verantwortlich.

Der Sinn des Lebens

Dem Leben auf diesem Planeten liegt kein Plan eines nicht von dieser Welt stammenden Wesens zugrunde. Es gibt keinen übergeordneten Sinn des Lebens. „Der Sinn des Lebens ist das, was wir dafür halten"

(Stephen Hawking). Das menschliche Leben auf der Erde ist tatsächlich im Sinne des Wortes zwecklos. Welchen Zweck sollte es auch haben. Es wird vergehen, wie alles bisher da Gewesene vergangen ist. Dass der Mensch mit den krudesten Ideen und geradezu verzweifelt nach einem übergeordneten Zweck seines Daseins gräbt, muss mit einem tief in seinem Inneren verankerten Bedürfnis zusammenhängen. Ich frage noch einmal. Warum möchte der Mensch um Himmels willen dem Mythos nachgehen, dass sein Leben auf dem winzigen Planeten Erde, der sich um einen relativ kleinen Stern dreht, der einer von einigen Trilliarden ist, die im von uns überschaubaren Universum beobachtet werden können, in den Dienst einer übergeordneten Sache gestellt sein soll? Ich denke, die Bedürfnisse einer wenig friedvollen Kreatur auf einem winzigen Planeten, in einem unermesslich großen Universum, sind nicht maßgebend für das, was wirklich ist. Das glaube ich, oder besser, das nehme ich an. Ich bin mir der Sache in dem Sinne nicht sicher, dass ich nicht bereit wäre, mich jederzeit durch bessere Argumente überzeugen zu lassen. Ich bin kein Fundamentalist und wäre auch nicht bereit, zur Verteidigung oder Durchsetzung meiner Annahmen in einen „heiligen" Krieg zu ziehen. Ich würde auch niemandem, der anderer Meinung oder anderen Glaubens ist, den Kopf einschlagen oder die Kehle durchschneiden wollen.

Wie soll der Mensch leben?

Wir sind bloß „Leben, das leben will, inmitten von Leben, das leben will". Aus dieser Aussage von Albert Schweizer lassen sich grundsätzliche Verhaltensweisen ableiten, an denen sich menschliches Leben orientieren kann. Diese sind geprägt von Achtung und Respekt gegenüber den Mitmenschen und allen Mitkreaturen auf diesem höchst zerbrechlichen Planeten. Aus dem bisher Geschriebenen ergeben sich Regeln für ein Leben an der Spitze der Evolution quasi wie von selbst: So stünde es uns, an der vorläufigen Spitze der Evolution angekommen, gut zu Gesicht, wenn wir dazu beitrügen, das Leid der Welt zu mindern. Wir unsere Mitmenschen respektierten, ihnen kein Leid zufügen, sie fair behandeln, sie nicht betrügen, sie nicht belügen und sie nicht bestehlen würden. Unsere tierischen Mitkreaturen respektierten, sie fair behandeln, sie nicht verletzen und sie nicht quälen würden. Wir dazu beitrügen, dass Natur und Umwelt als Lebensgrundlage aller Lebewesen auf diesem Planeten keinen Schaden nehmen und wir sie nicht verschmutzen und nicht zerstören würden.

Für diese Verhaltensregeln bedarf es keiner übernatürlichen Eingebung vom Berge Sinai. Sie ergeben sich spätestens dann, wenn wir endlich unseren Verstand einsetzen. Und wir benötigen auch keine nicht von dieser Welt stammende höhere Gerichtsbarkeit zu ihrer Durchsetzung, weder die Androhung von Höllenqualen noch die Aussicht auf himmlische Freuden. Allerdings tatsächlich nur dann, wenn wir unseren Verstand einsetzen. Dass wir endlich dazu kommen sollten, unseren kollektiven Verstand zu schärfen und auch einzusetzen, ist im Übrigen unsere einzige Überlebenschance.

Quellen: 16, 17

Quellen

1: Bayerischer Rundfunk: Der Golfstrom; Die Wärmepumpe für Nordeuropa, www.br.de, 6. November 2012
2: Becker, Klaus Becker: Das expandierende Universum; Eine mathematische Reise durch die Zeit; Pro BUSINESS, Berlin 2011; ISBN 978-3-86805-870-3
3: Bund für Umwelt und Naturschutz: Wohin mit dem Atommüll?; www.bund.net
4: Die Welt: Kastrierte Ferkel; Hoden werden ohne Betäubung herausgeschnitten, www.welt.de, 24. Juni 2013
5: Die Welt: Verseuchte Weltmeere; Was Sie über die Plastik-Pest wissen sollten, www.welt.de, 13. März 2013
6: Ditfurth, Hoimar von Ditfurth: Der Geist fiel nicht vom Himmel; Weltbild Verlag, 1990, ISBN 3893500340
7: Forschungs- und Dokumentationszentrum Chile-Lateinamerika e. V.: Die Verdammten ohne Erde – Die Jagd nach Land und ihre Opfer; www.land-grabbing.de, 2013
8: GEOkompakt Nr. Nr. 33 – 12/12, Interview von Jörn auf dem Kampe und Rainer Harf mit Prof. Dr. Volker Sommer, Tierethik: Menschenrechte für Affen
9: Guth, Alan Guth: Die Geburt des Kosmos aus dem Nichts; Die Theorie des inflationären Universums; Droemersche Verlagsanstalt Th. Knaur Nachf., München 2002, ISBN 3-426-77610-3
10: Hawking, Stephen W. Hawking.: Eine kurze Geschichte der Zeit; Die Suche nach der Urkraft des Universums; Rowohlt Verlag GmbH, Reinbek bei Hamburg, 1988, ISBN 3-498-028847
11: Hawking, Stephen W. Hawking: Der große Entwurf; Eine neue Erklärung des Universums; Rowohlt Verlag GmbH, Reinbek bei Hamburg, 2010, ISBN 978-3-498-02991-3
12: Leitenberger, Bernd Leitenberger: Die Entstehung des Lebens auf der erde Teil 1 und Teil 2; www.bernd-leitenberger.de
13: Paeger, Jürgen Paeger: Ökosystem Erde; www.oekosystem-erde.de
14: People for the Ethical Treatment of Animals, www.peta.de
15: planet wissen: Entstehung des Lebens, www.planet-wissen, Harald Brenner, 17. Oktober 2012
16: Schmidt-Salomon, Michael Schmidt-Salomon: Manifest des evolutionären Humanismus; Plädoyer für eine zeitgemäße Leitkultur, Alibri Verlag Aschaffenburg, 2006, ISBN 3-86569-011-4

17: Schmidt-Salomon, Michael Schmidt-Salomon: Keine Macht den Doofen; Eine Streitschrift; Piper Verlag 2012, ISBN 978-3-492-95579-9
18: Spiegel Online: Welternährung: Klimawandel bedroht die globale Nahrungsmittelproduktion, www.spiegel.de, 14. April 2013
19: Spiegel Online: Verhaltensforschung: Hennen leiden mit ihren Küken, www.spiegel.de, 9.März 2011
20: Süddeutsche.de: Spekulationen der Deutschen Bank; Mit Essen spielt man nicht, www.sueddeutsche.de, H. Freiberger, A. Hagelüken, C. Huverscheidt, 6. März 2012
21: Sterne und Weltraum: Wie Spiralarme in Galaxien entstehen, www.sterne-und-weltraum.de, Felicitas Mokler, 4. April 2013
22: Trinks, Schröder, Hauke Trinks, Wolfgang Schröder: Technische Universität Hamburg-Harburg, Biebricher, Christoph K., Max-Planck-Institut Göttingen: Eis und die Entstehung des Lebens
23: Umweltinstitut München e.V.: Fracking; Die Risiken der unkonventionellen Erdgasförderung, www.umweltinstitut.org
24: Vaas, Rüdiger Vaas: Hawkings neues Universum; Wie es zum Urknall kam; Franck-Kosmos Verlags GmbH & Co. KG, Stuttgart 2010, ISBN 978-3-440-12726-1
25: Westdeutscher Rundfunk: Was ist Leben; Eine Frage, die es in sich hat; www.wdr.de, Quarks&co, 12. Dezember 2006
26: welt-ernaehrung: Den Ursachen des Hungers auf der Spur, www.welt-ernaehrung.de, Dr. Peter Clausing
27: www.wikipedia.de (Elektronikschrott)
28: www.wikipedia.de (Erde)
29: www.wikipedia.de (Erdmagnetfeld)
30: www.wikipedia.de (Foie gras)
31: www.wikipedia.de (Folgen der globalen Erwärmung)
32: www.wikipedia.de (Galaxie)
33: www.wikipedia.de (Globale Erwärmung)
34: www.wikipedia.de (Gott)
35: www.wikipedia.de (Gottesbeweis)
36: www.wikipedia.de (Hydraulic Fracturing)
37: www.wikipedia (Klimaschutz)
38: www.wikipedia.de (Mensch)
39: www.wikipedia.de (Milchstraße)
40: www.wikipedia.de (Sonne)
41: www.wikipedia.de (Sonnensystem)
42: www.wikipedia.de (Spiralarm)
43: www.wikipedia.de (Sternentwicklung)
44: www.wikipedia.de (Theodizee)

45: www.wikipedia.de (Wilhelm von Ockham)

www.ingramcontent.com/pod-product-compliance
Lightning Source LLC
Chambersburg PA
CBHW050107230526
45470CB00004B/1709